Mikroelektronik und künstliche Intelligenz

Autorenkollektiv unter der
Leitung von
Eberhard Jobst
und
Michael Nier

Mit 6 Abbildungen

Akademie-Verlag Berlin
1987

Herausgeber:

Prof. Dr. sc. phil. Eberhard Jobst
Doz. Dr. sc. phil. Michael Nier
Technische Hochschule Karl-Marx-Stadt
Sektion Marxismus-Leninismus

Autoren:

Dr. sc. phil. Günter Conrad
Prof. Dr. sc. phil. Johannes Dittrich
Prof. Dr. sc. techn. Friedman Erfurt
Dr. phil. Manfred Hütter
Prof. Dr. sc. phil. Eberhard Jobst
Prof. Dr. sc. phil. Manfred Kliemt
Dr. Ing. Hans-Peter Lipp
Dr. phil. Marion Neufeldt
Doz. Dr. sc. phil. Michael Nier
Prof. Dr. sc. techn. Christian Posthoff
Dr. sc. techn. Wolfgang Schüler
Prof. Dr. sc. phil. Peter Schuttpelz
Dr. phil. Frank Zänker
Dr. phil. Volker Zimmermann

Dieser Titel wurde von den Originalmanuskripten der Autoren reproduziert.

ISBN 3-05-500252-0
Erschienen im Akademie-Verlag Berlin, DDR–1086 Berlin, Leipziger Straße 3–4

Lizenznummer: 202 · 100/428/87
Printed in the German Democratic Republic
Gesamtherstellung: VEB Kongreß- und Werbedruck, 9273 Oberlungwitz
Lektor: Dipl.-Phys. Ursula Heilmann
LSV 3505/0155
Bestellnummer: 763 669 8 (9048)
02000

Inhaltsverzeichnis 1

Vorwort

Die Mikroelektronik hat ihren Siegeszug angetreten. Ihre Erfolge in vielen Bereichen der Technik sind allgegenwärtig. Immer plastischer treten aber auch ihre weiteren Entwicklungsperspektiven hervor, nicht zuletzt auf dem Gebiet "Künstliche Intelligenz". Verwoben mit den Schlüsseltechnologien, deren historischer Rang in den Beschlüssen des XI. Parteitages der SED so nachdrücklich Widerhall findet, werden Systeme künstlicher Intelligenz Schritt um Schritt unser Dasein bereichern. Das löst Erwartungen und manchmal Euphorie, aber auch hie und da Vorbehalte gegenüber einem technischen Instrumentarium des Menschen aus, dem das Attribut "intelligent" beigemessen wird. All das ist Grund genug, unsere marxistisch-leninistische Weltanschauung zu befragen, deren Charakteristikum es seit ihrer Geburtsstunde ist, sich dem Neuen zu stellen und sein Geburtshelfer zu sein. Philosophen schlossen sich daher mit Natur- und Technikwissenschaftlern in der Absicht zusammen, weltanschaulich-ideologische und soziale Fragen aufzuspüren und wenigstens im Ansatz zu beantworten, die mit dem Voranschreiten künstlich intelligenter Systeme unweigerlich verknüpft sind. Dabei wird mancher Versuch einer Antwort neue Fragen provozieren, zur Diskussion und zum weiterführenden Meinungsstreit herausfordern. Das wäre gut so, denn auch die hier vorgestellte Position der Autoren wurde im Streit ihrer Meinungen geboren und bedarf der Präzisierung in einem möglichst weit gefächerten wissenschaftlichen Disput. Die Verfasser bemühten sich, Probleme dieses weit in die Zukunft reichenden Entwicklungsprozesses aufzuwerfen, sie aber nicht zu einer Mauer aufzutürmen, an der das Klagen anhebt. Wir wollen aktivieren, zur Bewältigung der gewiß nicht unkomplizierten Vorgänge der wissenschaftlich-technischen Revolution einen weltanschaulichen Beitrag leisten. Dem soll auch die Polemik mit Auffassungen dienen, die den Kapitalismus als sozialökonomische Basis haben und die, wenn auch sehr differenziert, uns anregten, unsere Position in der Auseinandersetzung schärfer zur formen.
Wir hoffen, daß unsere Schrift auf das Interesse eines breiten und kritischen Leserkreises stößt: Angemerkt sei, daß wir "Künstliche Intelligenz" vor allem dann als Eigenname groß schreiben, wenn das wissenschaftliche Gebiet, das sie repräsentiert, gekennzeichnet werden soll.

Die Autoren bedanken sich bei vielen Natur-, Technik- und Gesellschaftswissenschaftlern, die in den zahlreichen Diskussionen über solch neu heranreifende Fragen der wissenschaftlich-technischen Revolution und ihrer Verbindung mit den Vorzügen des Sozialismus streitbare, aufgeschlossene und sachkundige Diskussionspartner waren. Ein besonderer Dank gilt Dr. phil. B. Adelhoch, Doz. Dr. sc. phil. G. Hochmuth, Dr. phil. G. Pelz und A. Röder, die viele wertvolle Hinweise und eine große Unterstützung gaben.

Die Herausgeber

I. Kapitel

KÜNSTLICHE INTELLIGENZ ALS HERAUSFORDERUNG AN GESELLSCHAFT UND WISSENSCHAFT

I.1. Künstliche Intelligenz als objektive Notwendigkeit und subjektive Herausforderung

Die marxistische Philosophie trat von jeher mit dem Ausspruch auf, "Studium der wirklichen Welt" /1/ zu sein. Auch technischen Entwicklungsprozessen hat sie sich im Interesse der Klärung gesellschaftlicher Entwicklungszusammenhänge schon früh zugewandt. Mit der wissenschaftlich-technischen Revolution ist es in der marxistisch-leninistischen Philosophie zu einer neuen Konzentration auf diesen Gegenstand gekommen. Als fruchtbar erweist sich vor allem ein Philosophieren, das seine spezielle Sachkunde aus der Partnerschaft mit den Technikwissenschaften gewinnt. Damit erleben wir zugleich eine Ausdehnung des Wirkungsraumes der marxistisch-leninistischen Philosophie. Ingenieure und Technikwissenschaftler sind enge Partner der Philosophen geworden, weil die Technikwissenschaften zur Philosophie drängen und die Philosophie immer mehr zum unentbehrlichen Bestandteil technikwissenschaftlicher und Ingenieurtätigkeit wird. Überall dort, wo in technikwissenschaftliches Neuland vorgestoßen wird und wo neue Technik in gesellschaftliche Wirkungszusammenhänge kommt, wird ein Bedarf an Weltanschauung, Gesellschaftstheorie, Erkenntnistheorie, Methodologie, Wissenschaftstheorie, Ethik etc. artikuliert. In der Regel sind dies sehr realitätsbezogene Fragen, die nach weltanschaulich begründeten Antworten drängen. Natürlich ist auch die moderne Informations- und Kommunikationstechnik in ihrer gegenwärtig besonders stürmischen Entwicklungsphase voller Fragen philosophischer Art. Die Philosophie wiederum strebt danach, ihren Erkenntnis- und Methodenbestand an den neuen Entwicklungen nutzbringend zu bewähren.
Die Informationstechnik wird schrittweise in das gesellschaftliche Leben im Sozialismus eingefügt. Gleiche technische Entwicklungen vollziehen sich im Imperialismus. Daraus ergeben sich viele Fragen nach dem Sinn der Informationstechnik und den eventuellen Grenzen ihrer Entwicklung und Anwendung. Nur durch Forschungen und nicht durch Postulate sind die gesellschaftlichen

Wirkungen dieser Technik abzuschätzen. Dabei ist auch im Sozialismus zu berücksichtigen, daß es vorhersehbare und unvorhersehbare, angestrebte und nicht angestrebte, erwünschte und unerwünschte Nah- und Fernwirkungen gibt.
Die Informationstechnik bringt uns eine neue Technik und neue Gestalten der bisherigen Technik in den verschiedensten Verwendungsbereichen. Informations- und Kommunikationstechnik wirkt in der Arbeit und anderen Formen der Lebenstätigkeit des Menschen. Das provoziert weltanschaulich brisante Fragen:
Wie verändert sich der Mensch mit dieser neuen Technik? Bleibt er sich gleich und verändert sich nur das technische Umfeld? Stößt der Mensch in neue informationelle Lebensräume vor oder verarmt er geistig an der Technik? Schlafft er geistig neben künstlich intelligenten Systemen ab und unterwirft sich ihrem vermeintlichen Diktat oder öffnet sich der individuellen Intelligenz über die künstliche die gesamtgesellschaftliche Intelligenz?

Unter dem Begriff "Künstliche Intelligenz" sind zum einen Disziplinen oder Aufgabengebiete der Informatik zu verstehen und zum anderen technische Systeme, die intelligente Leistungen des Menschen auf anderen Strukturniveaus der Materie nachvollziehen. Zu solchen Aufgabengebieten der Informatik gehören z.B.: Erkennung der natürlichen Sprache, Sprachübersetzung, Expertensysteme, Gestalt- und Bilderkennung, Beweisfindung in der Mathematik, Robotersteuerung, Computerspiele. Der Terminus "Künstliche Intelligenz" (oder Artifical intelligence) ist 1956 von Mc Carthy eingeführt worden und steht für wissenschaftliche Disziplinen und zugleich für einen langfristigen technischen Entwicklungsprozeß. Daß er immer wieder so schnell nicht einlösbare Assoziationen und Hoffnungen weckt, liegt an seiner anthropomorphen Fassung. Entwicklungsplanungen über die 4. Computergeneration hinaus lassen einen maschinellen "Partner" des Menschen greifbar erscheinen.

Für die Schöpfer künstlich intelligenter Systeme drängt sich immer der Vergleich von menschlicher (natürlicher) und künstlicher Intelligenz auf, denn die Maschine soll vergleichbare Leistungen bringen. Ein Ingenieur erschrickt nicht vor diesem Entwicklungsziel. Doch es gibt auch Befürchtungen und Ablehnungen dieser Entwicklung. Manchmal wird über Gebühr viel von ihr erwartet. Dabei gerät oft aus dem Blick, daß wir diese Technik für uns entwickeln. Wir stehen damit in einer Logik technischer Entwicklung und weiten die Dienstfunktionen der Technik aus, indem wir ihr weitere menschliche Leistungsanteile als technische Funktionen einpflanzen und nutzend abfordern. Damit soll der Aktionskreis menschlichen Handelns immer weiter ausgedehnt werden. In diesen Begründungszusammenhängen ist kein Platz für Mystifikationen der Technik. Deshalb soll versucht werden, die künstliche Intelligenz aus gesellschaftlichen Entwicklungsprozessen heraus zu begründen. Schon gegenwärtig ist es so, daß in den Bereichen des gesellschaftlichen Lebens und vor allem in den Wissenschaften, wo große Datenmengen zur Bearbeitung anfallen, die schnelle Informationsgewinnung sowie -verarbeitung lebensnotwendig ist. Hier vollzieht sich die Einführung der Informationstechnik sehr rasch und wird zugleich das Bedürfnis nach immer entwickelterer Informationstechnik geweckt.

Informations- und Kommunikationstechnik wird also besonders deshalb entwickelt und weiterentwickelt, weil es einmal um "Ökonomie der Zeit" bei der Entwicklung und Nutzung der materiell-technischen Produktivkräfte der Gesellschaft geht. Durch die immer weitere Technisierung des Gesamtprozesses der Produktion und die Reduzierung der vom Menschen unmittelbar zu leistenden Steuer- und Regelungsaufgaben werden Zeitabläufe angestrebt, die den Möglichkeiten des technologischen Prozesses weitestgehend angenähert sind. Den materiellen Stoffwechsel des Menschen mit der Natur gilt es mit dem geringsten Aufwand, höchstem Ergebnis, ökologisch bewußt und unter den der "menschlichen Natur würdigsten Bedingungen" (Marx) zu vollziehen.

Zum anderen geht es aber auch um die "Ökonomie der Zeit" in der geistigen Arbeit und der kommunikativen Aktivität des Menschen. Wachsende Datenvielfalt und -menge sind verfügbar zu machen und routinehafte, algorithmierbare geistige Prozesse werden schrittweise technisiert. Darüber hinaus besteht das Bedürfnis nach informationsverarbeitenden Systemen, die geistige Leistungsprozesse so stützen können, daß in kürzerer Zeit ein sicheres Ergebnis der geistigen Arbeit vorliegen kann. Den geistigen (oder informationellen) Stoffwechsel in der Gesellschaft gilt es mit dem geringsten Aufwand, besten Ergebnis, Universalität und unter den für Existenz und Entwicklung der Persönlichkeiten würdigsten Bedingungen zu vollziehen.

Die moderne Informations- und Kommunikationstechnik wirkt heute wesentlich in zwei Bereichen, erstens als Element und systemrealisierend im Rahmen der Technik, um ihr automatisches, automatisiertes oder zumindest leichter kontrollierbares Funktionieren zu gewährleisten und zweitens als Element oder Teilsystem im Rahmen der informationellen Beziehungen in der Gesellschaft.
Die Funktionen der Informations- und Kommunikationstechnik umfassen das Gewinnen, Speichern, Transportieren, Umformen, Umwandeln und Abgeben von Informationen für gesellschaftliche, kollektive und individuelle Zwecke der Menschen in einer vor allem sozialökonomisch und politisch bestimmten gesellschaftlichen Wirkungssphäre. Sie hat vor allem die Aufgabe, auf der Grundlage der Elektrotechnik und Elektronik, aber auch der Mechanik, Thermodynamik und anderer Wissenschaften, technische Systeme für das Speichern, Übertragen und Umformen von Informationen zu schaffen. Sie ist die technische Grundlage der Informatik.
Die Informatik beschäftigt sich mit dem Entwurf, dem Betrieb und der Anwendung von Computersystemen. Sie wirkt eng mit der Informationstechnik zusammen und zeichnet sich durch eine besondere Nähe zur Mathematik aus, einschließlich der Logik.
Beide Wissenschaftskomplexe wirken daher mit ihren Ergebnissen in den Prozessen des Gewinnens, Speicherns, Übertragens, Umformens und Abgebens von Informationen für gesellschaftliche, kollektive und individuelle Zwecke der Menschen in einer vor allem sozialökonomisch und politisch bestimmten gesellschaftlichen Wirkungssphäre.

Die "Krone" der Entwicklung auf dem Gebiet der Informatik und zugleich ein Teil von ihr ist die Künstliche Intelligenz. Das Ziel der Forschung auf dem Gebiet der Künstlichen Intelligenz ist die Entwicklung von Computersystemen (als Einheit von Hard- und Software), die analog dem intelligenten Verhalten von Menschen in den verschiedensten Arbeits- und Lebensbereichen eingesetzt werden können. "Auf den ersten Blick mag es so scheinen, als ob alle Computer auf diese Weise arbeiten, beispielsweise bei der Lösung algebraischer Gleichungen oder der Berechnung von Krankheitstagen der Angestellten über das Jahr. Intelligentes Denken und Handeln bedeutet jedoch weit mehr als darstellen, berechnen und zusammenfügen von Zahlen und Buchstaben. Denken heißt u.a. Kombination neuer Informationen, altbekannter Fakten, Faustregeln, Vermutungen und sogar Intuition . Erst diese Kombination führt zu einer angemessenen Lösung eines Problems" /2/.

Der Zwang zur Entwicklung von Systemen künstlicher Intelligenz wird primär durch die gesellschaftlichen Erfordernisse der Produktivkraftentwicklung gesetzt. Auf dem Wege dieser Entwicklung konstituieren sich wissenschaftliche und technische Zusammenhänge, die neue Entwicklungsimpulse mit unterschiedlicher Stärke setzen. Sie müssen historisch-materialistisch und wissenschaftstheoretisch untersucht werden. Auf einige Probleme sei in der Folge hingewiesen.

Erstens wecken die mit der Computertechnik gegebenen Steuerungsmöglichkeiten für Maschinen, Anlagen und Geräte das ökonomisch fundierte Bedürfnis nach einer zunehmend ganzheitlichen, flexiblen und zuverlässigen automatischen Beherrschung von Systemen wachsender Komplexität. Dieses "technische Bedürfnis" der Gesellschaft drängt objektiv auf Entwicklung von Systemen künstlicher Intelligenz. Mit unserer ökonomischen Strategie, wie sie der X. Parteitag der SED im Jahre 1981 beschlossen hat, stellten wir uns mit einer klaren wissenschaftspolitischen Orientierung dieser Notwendigkeit /3/. Die Beschlüsse des XI. Parteitages der SED weisen mit großer Eindringlichkeit nach, daß die Meisterung der Schlüsseltechnologien - und die künstliche Intelligenz wird mehr und mehr eines ihrer Attribute sein - deutlicher denn je einer theoretisch begründeten wissenschaftspolitischen Planung und Leitung bedarf /4/. Die wissenschaftlich-technische Revolution ist ein Prozeß, der sich mit objektiver Notwendigkeit vollzieht. Zur Beschleunigung des wissenschaftlich-technischen Fortschritts gibt es keine sinnvolle Alternative, wobei wir stets davon ausgehen, daß die Entfaltung von Wissenschaft und Technik im Sozialismus uneingeschränkt dem gesamtgesellschaftlichen Fortschritt dient und im Sinne des Humanismus voll bejaht werden muß. Diesem hohen Anspruch kann nur eine Gesellschaftsordnung gerecht werden, in der in Übereinstimmung mit dem objektiven Verlauf der Geschichte die Gesetze der historischen Entwicklung erkannt und im bewußten Handeln ausgenutzt und durchgesetzt werden. Wir können uns daher ohne Wenn und Aber mit dem wissenschaftlich-technischen Fortschritt und all seinen revolutionierenden technischen Neuerungen identifizieren. Die Entwicklung von Systemen künstlicher Intelligenz macht da keine Ausnahme. Mit dieser Feststellung sollen die Probleme nicht vom Tisch gefegt werden. Im Gegenteil, wir wissen nur allzugut, daß Neues stets auch neue Fragen aufwirft, bislang Unbekanntes mit sich bringt, Schwierigkeiten seiner geistigen und materiell-technischen Bewältigung bereitet. Die folgenden Kapitel werden zur Genüge davon berichten. All das hebt aber unsere Grundposition der Bejahung des wissenschaftlich-technisch Revolutionären nicht auf, weil wir die Entstehung und Bewältigung der damit verbundenen und oft genug recht komplizierten Probleme als Momente des gesellschaftlichen Fortschritts und einer entwicklungsstimulierenden Herausforderung der sozialistischen Persönlichkeit begreifen.

Zweitens gehen wir stets vom Prinzip der Historizität der Technikentwicklungs aus. Selbst wenn dies in der unmittelbaren, täglichen Arbeit nicht immer in den Blick rückt, ist jede Stufe in der Entwicklung künstlich-intelligenter Systeme historisch determiniert. Dies gilt z.B. für die Genesis der Problemstellungen, die Verankerung in Wissenschaftsdisziplinen, die konkreten theoretischen und praktisch-gegenständlichen Zielstellungen sowie die angestrebten, möglichen, noch nicht möglichen oder gar unwahrscheinlichen Anwendungsgebiete. Die wissenschaftlich-technische Revolution ist auch und gerade auf dem Gebiete der künstlichen Intelligenz keine kurzfristige Umwälzung. Wir erleben den Beginn eines Prozesses, dessen Höhepunkt oder gar Ende noch nicht abzusehen sind. Die gravierenden Veränderungen stehen sicher noch bevor. Die Festlegung anspruchsvoller und zugleich realisierbarer Entwicklungsaufgaben ist daher eine äußerst wichtige und keineswegs leichte Verpflichtung derjenigen, die den Prozeß der Wissenschafts- und Technikentwicklung zu verantworten haben. Es darf daher nicht verwundern, wenn es immer wieder lebhafte Diskussionen und im Detail sogar konträre Positionen zu einzelwissenschaftlich-theoretischen, praktisch-technischen, sozialen, ökonomischen und geistig-kulturellen Aspekten dieses weit in die Zukunft reichenden Entwicklungsprozesses gibt. Mit der vorliegenden Schrift beabsichtigen die Autoren, vor allem aus weltanschaulicher Sicht zu einer allerdings auch historisch determinierten Positionsbestimmung beizutragen.

Drittens ist eine so komplexe und tiefgreifende Entwicklung, wie die von Systemen künstlicher Intelligenz, ganz besonders von der Widerspruchsdialektik durchdrungen. Neues mit solch einer Brisanz muß naturgemäß sowohl bei der Gewinnung und Anerkennung von Erkenntnissen als auch bei ihrer technischen Anwendung in den unterschiedlichsten Arbeits- und Lebensbereichen mannigfach Widersprüche setzen und den vorwärtsdrängenden Kampf zu ihrer Lösung erforderlich machen. Künstliche Intelligenz bringt so viel an ungewohnten theoretischen Problemen, bisher nicht dagewesenen geistigen und praktischen Anforderungen, daß ein erhöhter Bedarf an perspektivischer Orientierung, vorbehaltlosem Engagement, kritischem Schöpfertum und Entscheidungsfreude zur bewußten Beherrschung der Widerspruchsdialektik unumgänglich ist. Man könnte sogar sagen, daß es einen durch die Gesamtaufgabe gesetzten Zwang zum dialektisch-materialistischen Denken gibt, dem selbst von bürgerlichen Positionen - wie noch zu zeigen sein wird - auf bestimmte Weise Rechnung getragen werden muß. Eine geistige Identifikation mit Aufgaben der Entwicklung von künstlicher Intelligenz wird immer auch ausgeprägt weltanschauliche Komponenten aufweisen, denn die künstliche Intelligenz steht stets in Beziehung zur Intelligenz des Menschen. Jeder Forscher auf diesem Gebiet wird daher weltanschauliche Auffassungen zum Menschen, zur Arbeit, zur Gesellschaft und zum Wesen dessen einbringen müssen, was er technisch an künstlicher Intelligenz dem Nutzer anzubieten gedenkt.

Wenn der Mensch mit künstlich intelligenten Systemen arbeitet, so müssen wir dies als "Einheit der Gegensätze" verstehen. Das Verhältnis von "lebendigem" Menschen und "lebloser" Technik hat sich mit der Computerisierung insofern gewandelt, als der Computer für bestimmte Zeiten als Stellvertreter des Menschen gegenüber zu steuernden Aggregaten auftreten kann. Mit der künstlichen Intelligenz tritt dem Menschen eine Technik gegenüber, die eine einschaltbare informationelle Aktivität besitzt, zu der ein sprachlicher Zugang besteht und die dem Nutzer mit ihm bekannten oder verstehbarem Wissen entgegentritt, das in wachsendem Maße nicht von ihm in den Computer gegeben wurde. Nicht selten wird im heutigen Sprachgebrauch von der "Schnittstelle" Mensch-Computer gesprochen. Mit dem Begriff "Schnittstelle" oder "interface" bezeichnet man eine Übergangsstelle zwischen zwei Bereichen im Computer oder in Informationssystemen /5/.
Um diese Übergänge zu bewältigen, wird eine Standardisierung oder gar Normung angestrebt. Falls sich der Begriff "Schnittstelle" für den Kontakt Mensch-Computer durchsetzen sollte, muß er jedoch

stets in seiner Problematik gesehen werden. Er darf die Zugangsstelle zum Computer bezeichnen, aber keinesfalls als Grenze des Verstehens des Computers durch den Nutzer fehlinterpretiert werden, hinter der sich die "black box" befindet. Eventuell sind solche philosophischen Begriffe unter diesem Aspekt neu zu durchdenken, wie z.B. "Anders-Sein der Ideen", "Umschlag von Ideellem ins Materielle" oder auch "psycho-physische Einheit". Auf jedem Fall sind Auffassungen unter Kritik zu nehmen, welche die heutigen Anpassungsprobleme des Menschen an die heutigen Computer als prinzipielle hochstilisieren.

Viertens sei unterstrichen, daß wir in der wissenschaftlich-technischen Revolution ohne künstliche Intelligenz nicht mehr auskommen. Die natürliche (menschliche) Intelligenz wird bei zunehmend mehr technischen Prozessen an die Grenzen ihres sinnvollen unmittelbar-aktuellen Einsatzes stoßen, wird aus humanitären Gründen nicht mehr direkt gefordert werden können oder auch einfach in der erforderlichen Zeit und Menge nicht zur Verfügung zu stellen sein. Die menschliche Arbeit und die menschliche Intelligenz müssen daher mehr und mehr zum Gegenstand des Forschungsgebietes Künstliche Intelligenz werden. Das verlangt Interdisziplinarität in neuen Dimensionen. Die Einheit von Natur-, Technik- und Gesellschaftswissenschaften wird nachhaltig herausgefordert, ihre Vertiefung wird kräftig stimuliert. Die Entwicklung materieller Strukturen, die künstliche Intelligenz realisieren, zwingt gleichsam dazu, die Wirkungsfelder menschlicher Tätigkeit geistig tiefer zu erschließen und die Wissenschaften, deren Gegenstände "menschliche Arbeit" und "Bewußtsein" sind, immer wieder als Reservoir für Ideen und Aufgaben der Forschungen zur künstlichen Intelligenz auszuschöpfen. Nahezu jede Wissenschaftsdisziplin ist aktuell oder potentiell mit ihren Theorien, Methoden und Wirkungsbereichen ein Nährboden für Untersuchungen zur künstlichen Intelligenz. Umgekehrt wird jede Disziplin, die sich die Möglichkeiten und Einsatzgebiete künstlich intellektueller Systeme erschließt, veranlaßt sein, die für ihren Gegenstand typischen Prozesse weiterführend theoretisch zu ergründen, denn bevor etwas programmiert werden kann oder Daten sinnvoll eingegeben bzw. aufgenommen werden können, muß der Prozeß erkannt worden sein. Die Entwicklung und der fortschreitende Einsatz von Systemen künstlicher Intelligenz beflügelt über Wissensintegration und Interdisziplinarität das Voranschreiten der Wissenschaften insgesamt.

Der entscheidende Impulsgeber für die Forschung auf dem Gebiet der künstlichen Intelligenz wird jedoch letztlich immer in den technischen Bedürfnissen der Gesellschaft liegen und menschliche Arbeitsfähigkeiten werden inhaltlich stets Vorbild bleiben. Diese Position sollte weltanschaulich bestimmend sein, denn sie schützt zuverlässig vor Überschätzungen und bewahrt vor leichtfertiger Ausweitung des Geltungsbereiches durchaus respektabler Einzelergebnisse. Auf welche Art und Weise wir die künstliche Intelligenz zur Förderung unserer eigenen nutzen, hängt wesentlich auch von dem weltanschaulich geprägten Urteil ab, ob künstliche Intelligenz Partner des Menschen zu sein vermag und sein soll. Wir müssen darüber befinden, wo diese Technik unserem Menschsein nützt oder wo sie ihm vielleicht abträglich ist. Das ist eine weltanschaulich-moralische Herausforderung an alle Wissenschaften und Gesellschaftsbereiche, die zwar in ihrer Mehrzahl weder die Hardware produzieren noch den sprachlichen Zugang zum Computer erschließen. Die sinnvolle Aufbereitung des jeweiligen Wissenschafts- und Tätigkeitsbereiches für den Computereinsatz liegt jedoch in der Kompetenz der einzelnen Disziplinen und Fachleute. Hier kann und muß ohne Vorbehalte gegen das Ungewohnte, jedoch auch ohne jegliche Euphorie und Leichtfertigkeit gesellschaftliche Verantwortung gegenüber der künstlichen Intelligenz wahrgenommen werden. Wir gehen dabei von folgenden weltanschaulichen Prämissen aus: Die künstliche Intelligenz hat vom Menschen Arbeit zu übernehmen, damit der Mensch als arbeitendes Wesen, das er ist und bleibt, seine produktiven Fähigkeiten noch wirksamer entfalten kann. Der künstlichen Intelligenz sollen mannigfach bislang dem Menschen eigene Intelligenzleistungen übertragen werden, um die Leistungsfähigkeit und Souveränität menschlicher Intelligenz in neuen Größenordnungen zu entfalten und zu vervollkommnen. Sie wird in der Macht des Menschen dazu beitragen, daß der Mensch als das Ensemble der gesellschaftlichen Verhältnisse seine geschichtsbildende Funktion noch bewußter verwirklichen kann.

Literatur:

/1/ Marx, K./Engels, F.: Die deutsche Ideologie, MEW, Bd. 3, Berlin 1962, S. 218.

/2/ Stevens, L.: Auf der Suche nach der künstlichen Intelligenz, Wege zur perfekten Maschine, Landsberg 1985, S. 13.

/3/ Vgl. Honecker, E.: Bericht des Zentralkomitees der Sozialistischen Einheitspartei Deutschlands an den X. Parteitag der SED, Berlin 1981, S. 48 ff.

/4/ Vgl. Honecker, E.: Bericht des Zentralkomitees der Sozialistischen Einheitspartei Deutschlands an den XI. Parteitag der SED Berlin 1986, S. 49 ff.

/5/ Siehe Stichwort "Schnittstelle" in: Schulze, H.H.: Das RORORO Computerlexikon, Reinbeck 1984, S. 324.

I.2. Künstliche Intelligenz als Instrument

Das Wesen künstlicher Intelligenz aufzudecken, ist aus drei Gründen erforderlich:

Erstens liegt sie nicht als naturhafter Prozeß zur Nutzung vor, sondern muß entwickelt werden. Es muß also Klarheit darüber geschaffen werden, worin ihre Spezifik besteht, was die Gründe für ihre Entwicklung sind und wie sie überhaupt entwickelt werden kann.

Zweitens muß mit ihr in den verschiedensten Entwicklungsstufen gearbeitet werden. Für die Nutzung künstlich intelligenter Systeme müssen Unterschiede und Gemeinsamkeiten von gesellschaftlicher (auch als natürliche bezeichnet) und künstlicher Intelligenz in ihrer jeweiligen historischen Konkretheit bekannt sein sowie deren absehbaren Entwicklungstendenzen fixiert werden.

Drittens verändern künstlich-intelligente Systeme die Beziehungen des Menschen, weil Arbeitsfähigkeiten ihren Stellenwert in der gesellschaftlichen sowie technologischen Arbeitsteilung wechseln und in gesellschaftliche Verhältnisse intelligente Technik "eingeschaltet" wird.

Wir betrachten die Entwicklung Künstlicher Intelligenz als Entwicklung einer neuen Technik. Das ist deshalb naheliegend, weil die diese Forschung leitenden Interessen vornehmlich technische Nutzungsinteressen sind. Erst in zweiter Linie geht es um die Erforschung des menschlichen Bewußtseins und der Gesetzmäßigkeiten der Denkfähigkeiten des Menschen.

Wenn wir fragen, welcher Bewegungsform der Materie die künstliche Intelligenz angehört, so meinen wir, daß sie der gesellschaftlichen Bewegungsform zuzurechnen ist. Jede Gesellschaft zeichnet sich dadurch aus, daß mit Bewußtsein begabte Individuen in produktiven Verhältnissen aufeinander wirken und ihre dadurch geprägten Angelegenheiten miteinander oder gegeneinander regeln. Hierfür ist menschliche Intelligenz nicht nur graduell, sondern in bestimmten historisch erworbenen Inhalten erforderlich. Diese gesellschaftliche Intelligenz ist hinsichtlich ihrer aktiven Seite an Gehirne gebunden.

Dabei ist für unser Problem unbedingt folgendes zu berücksichtigen: "Die höchstorganisierte Materie ist nicht das Gehirn, sondern ein Kollektiv von Gehirnen im gesellschaftlichen Verband" /1/.

Gesellschaftlich interessant und nötig sind die kollektiven geistigen Leistungen für die verschiedenen gesellschaftlichen Aufgaben. Insofern ist das Interesse auf bestimmte Leistungen gerichtet. Reicht die Leistungsfähigkeit des "Kollektivs von Gehirnen" nicht mehr für bestimmte Arbeiten aus und gibt es wissenschaftlich fundierte Möglichkeiten, die gleichen Leistungen von technischen Systemen abzufordern, so gibt es nichts Selbstverständlicheres, als dies zu tun. Da zugleich die einzelnen menschlichen Gehirne mit ihrem Bewußtsein die Knotenpunkte des gesellschaftlichen Netzes geistiger Beziehungen sind, werden die Probleme geistiger Leistungsfähigkeit auch dort erlebt und Bedarf nach entsprechenden Hilfen der geistigen Arbeit angemeldet. Das geht eben heute so weit, daß das Individuum mit seiner natürlichen, gesellschaftlich gewachsenen Intelligenz noch eine nutzbare künstliche, ebenfalls aber gesellschaftlich geschaffene Intelligenz benötigt. Diese intelligenten technischen Systeme sollen geistige Leistungen des Menschen übernehmen bzw. menschliche geistige Leistungsgrenzen überwinden helfen. Solche Grenzen liegen - bei jedem Menschen natürlich verschieden - in der Merkfähigkeit, in der Geschwindigkeit bei der Verarbeitung großer Datenmengen und bei Berechnungen, in der zeitlichen Beschränkung von Konzentrationsfähigkeiten, in Ermüdung und Vergeßlichkeit sowie darin, daß der Mensch nicht in der Lage ist, alle Prozesse, die ihn interessieren oder die er regeln muß, persönlich zu verfolgen. Überdies geben ihm seine Sinnesorgane nicht die Möglichkeit, alle Erscheinungen der Materie wahrzunehmen. Er bedarf dazu der Hilfsmittel, die Transformationsleistungen für ihn übernehmen.

Geistige Leistungen sind in allen Tätigkeitsbereichen erforderlich. Ein zentraler Bereich für geistige Leistungen ist die wissenschaftliche Tätigkeit, insbesondere das kreative Vorstoßen in wissenschaftliches Neuland. Es ist heute die Frage, in welchen Bereichen wir die Entwicklungsziele für künstliche Intelligenz ansiedeln.

Aus heutiger Sicht schließen Forschungen zur Entwicklung der künstlichen Intelligenz unseres Erachtens die folgenden zentralen Probleme ein:

Expertensysteme sind ein solcher Schwerpunkt der Forschung. Sie dienen als direktes Hilfsmittel für geistige Tätigkeit von Spezialisten, indem sie summiertes Wissen und Erfahrungen vieler Experten eines Fachgebietes systematisiert aufbewahren und für Problemlösungsprozesse bereitstellen. Entwicklungstendenzen sind hierbei

Annäherung der Systeme an die Vorgehensweise der Experten durch Verfeinerung der Prozeduren und der Routinen vermittels der Intensivierung der Dialoge von Informatikern und Experten sowie Erschließen weiterer Anwendungsbereiche.
Computergestützte Konstruktion und Produktion, einschließlich der Steuerung von Robotern, bedürfen hochentwickelter Computersysteme, um die vielfältigen Belange sicherer und stabiler technischer Prozesse steuerungstechnisch erfüllen zu können. Computer treten hier als ebenbürtiger Regulator an die Stelle des Menschen.
Bildverarbeitung richtet sich auf die technische Zeichen- und Strukturerkennung wirklicher Objekte. Dadurch läßt sich bei automatisierten Prozessen die Störanfälligkeit senken und der Programmieraufwand verringern. Aber auch Expertensysteme wären damit koppelbar und der konventionelle Computer würde eine größere Benutzerfreundlichkeit gewinnen, da man durch "Zeigen" Informationen eingeben bzw. den Computer zum "Selberlesen" veranlassen könnte. Aber alle bis jetzt in der Entwicklung befindlichen Bildverarbeitungssysteme sind nicht in der Lage, beliebige Objekte zu identifizieren. Um jedoch annähernd die Leistungen der menschlichen Sinnesorgane zu erzielen, stehen noch eine Reihe von Fragen offen, wie zum Beispiel: Wie detailliert muß ein Objekt aufgenommen werden, um es eindeutig zu identifizieren? Wie läßt sich ein bruchstückhaftes Bild ergänzen? Wie läßt sich die Aufnahmefähigkeit von Sensoren steigern, um menschliche, parallel arbeitende Sensoren in ihrer Aufnahmefähigkeit zu erreichen? Wie kann man Objekte einschätzen, die zeitweilig außer Sicht sind? Dabei ist die Lösung all dieser Probleme auch an die Entwicklung leistungsfähiger Hardware gebunden, denn hier bedarf es schnellarbeitender Computer, um die "Flut" von Signalen in einer sinnvollen Zeit bewältigen zu können.
Die Erkennung der natürlichen Sprache durch Computersysteme zählt zu den schwierigsten Gebieten. Die menschliche Sprache ist fast so einzigartig wie ein Fingerabdruck. Einzigartig bezüglich der stimmlichen Vielfalt, einzigartig aber auch bezüglich der so unterschiedlichen Bedeutung gleicher Lautkomplexe (Worte). Der Reichtum der natürlichen Sprache läßt sich deshalb gegenwärtig nur dann durch Computer erfassen, wenn wir uns einer "maschinengerechten" Norm des Sprechens befleißigen.
Wenn heute bereits von "Biochips" und "Biocomputern" gesprochen wird, dann deutet dies auf eine mögliche Entwicklungslinie elek-

tronischer Bauelemente - der Haruware von Computern - hin. Bei solchen Bauelementen sollen organische Materialien als Träger elektrischer Prozesse Einsatz finden, um vermutete molekulare Schalteffekte organischer Substanzen nutzen zu können. Vom Einsatz organischer Substanzen erwartet man die Realisierung noch feinerer Strukturen, die den 100 nm Bereich durch gesteuertes Strukturwachstum unterschreiten sollen, der bei anorganischen Schichtmaterialien als objektive physikalische Grenze einer von außen realisierten Strukturierung gilt. Letztlich soll dadurch eine noch höhere Komplexität mikroelektronischer Bauelemente erzielt werden, um auf diese Weise deren Leistung zu erhöhen. Forschungen zur Entwicklung solcher "Biochips" werden seit einiger Zeit betrieben, der Einsatz von Computern auf der Basis solcher Bauelemente steht gegenwärtig jedoch noch aus, so daß die tatsächlich gegebenen Möglichkeiten heute nur schwer abgeschätzt werden können.
An diesen Beispielen wird deutlich, wie wichtig eine Zielbestimmung für Künstliche Intelligenz ist und auch, welche Breite der Forschung dieser nun einmal eingeführte und gängige Begriff verkörpert. Die Minimalanforderung für künstlich-intelligente Systeme ist, daß Aufgaben des Menschen übernommen werden, die ein Mindestmaß an menschlicher Intelligenz erfordern, wobei dies auch Teilaufgaben sein können. Die liberale Verwendung des Terminus "intelligent" durch Ingenieure wird wohl hingenommen und das so bezeichnete Objekt oder Verhalten darauf hin befragt werden müssen.
Worin besteht aber das Maximalziel? Feigenbaum und Mc Corduck schreiben: "Der Computer ist das Hauptprodukt des Informationszeitalters. Sein Zweck besteht ganz gewiß darin, Informationen zu verarbeiten - er soll sie umwandeln, verstärken, verteilen und anderweitig modifizieren. Was aber noch wichtiger ist: Der Computer erzeugt Informationen. Das Wesen der Computerrevolution besteht eben darin, daß die Mühe, das künftige Wissen der Welt zu zeugen, von menschlichen Köpfen auf Maschinengebilde übertragen wird" /2/. Es ist mehr als fragwürdig, ob dies ein akzeptables Ziel menschlichen Strebens sein kann. Überdies ergeben sich daraus Science-Fiction-Konstruktionen: "Wir stehen im Begriff, uns einem Entwicklungsprogramm für hochintelligente Maschinen zuzuwenden. Im Verlaufe dieses Programms werden wir die Computer so weit perfektionieren, bis sie unser eigenes intellektuelles Niveau erreicht haben. Danach wird sich die künstliche Intelligenz gewissermaßen verselbständigen und die unsere in jeder Hinsicht übertreffen. Im Zuge dieser

eigenartigen Partnerschaft werden sich die Computer unweigerlich Verhaltensweisen aneignen, die es ihnen gestatten, sich mit uns zu unterhalten, Ideen und Vorstellungen auszutauschen, unser Vorstellungsvermögen zu simulieren usw. Wären sie zu allem nicht in der Lage, hätten sie den Turing-Test nicht bestanden. Wenn die Computer uns tatsächlich überholen, werden sie unsere Zukunft in atemberaubender Weise mitgestalten" /3/. Evans spricht dann an anderen Stellen von verschiedenen Graden ultraintelligenter Maschinen und endet mit Science-fiction-Verweisen. Es ist wohl normal, daß die Vorstellung von künstlicher Intelligenz Phantasien weckt, aber sie sollten durch Kritik der Praxis und der Wissenschaft immer wieder in Bahnen gelenkt werden, wo sie für das menschliche Erkenntnisstreben fruchtbar sind. Bei der hier zum Ausdruck gebrachten bürgerlichen Phantasie und Befürchtung wird eines deutlich: Der Unterschied von künstlicher und natürlicher Intelligenz wird verwischt, künstliche Intelligenz verselbständigt sich und übertrifft dann folgerichtig die natürliche "in jeder Hinsicht". Aber mehr noch: Unter der Hand wird die Gleichsetzung von künstlicher und natürlicher Intelligenz auf den ganzen Menschen ausgedehnt. "Wenn die Computer uns tatsächlich überholen ..." Hier steht "uns" doch offenkundig für "uns Menschen". Technik konstituiert sich so zum Subjekt. Künstliche Intelligenz wird mit allen möglichen schlechten Eigenschaften des Menschen und mit Wertvorstellungen von Ausbeuterklassen versehen. Der Mensch aber gerät immer mehr in eine untergeordnete Rolle, driftet schrittweise in Abhängigkeit und Unterlegenheit. Eine solche Position ist nicht zu akzeptieren, sondern begründet zurückzuweisen. Das soll im nachfolgenden geschehen.

Computer-Technologien dringen in alle Sphären menschlicher Tätigkeit ein. Sie unterstützen den Menschen bei seinen Entscheidungen, wir finden sie in den Bereichen der Leitung und Planung, der Dienstleistung, im Bank- und Nachrichtenwesen, zur Verkehrsüberwachung und -steuerung, im Bereich der Medizin, der Volksbildung usw. usf. Bei all diesen Prozessen geht es nicht schlechthin um die Substitution menschlicher Arbeit durch Technik. Dieser Sachverhalt ist allem bisherigen technischen Fortschritt eigen: Vom ersten Werkzeug bis hin zum automatischen System zielt Technik darauf ab, das physische Leistungsvermögen des Menschen zu erhöhen, Grenzen menschlicher Leistungsfähigkeit zu überwinden, den Menschen in bestimmten Bereichen der Produktion überhaupt zu ersetzen. Während jedoch im

Prozeß der industriellen Revolution des vorigen Jahrhunderts und in der ersten Hälfte des 20. Jahrhunderts vordergründig die materiell-gegenständliche Funktion des Menschen eine Substitution und Wirkungsverstärkung durch die klassische Technik erfuhr, so stehen nunmehr seit der 2. Hälfte des 20. Jahrhunderts mit der wissenschaftlichen-technischen Revolution die analogen Prozesse der geistig-informationellen Ebene im Vordergrund. Der Mensch schafft sich mittels der Technik nicht mehr nur seine Werkzeuge, sondern in Gestalt der Datenverarbeitungssysteme und Computer der verschiedenen Generationen in zunehmendem Maße auch seine "Denkzeuge". Tätigkeiten, die bisher das Vorrecht des Menschen waren, Tätigkeiten der Steuerung und Regelung maschineller Prozesse, des Entwerfens, Projektierens, Entscheidens, kurz: mehr oder weniger anspruchsvolle geistige Tätigkeiten, werden nunmehr auch von der Maschine ganz oder teilweise realisiert. Darin liegt zweifellos die besondere Brisanz der heutigen technischen Entwicklung. Der Mensch zieht sich Schritt um Schritt aus einer Vielzahl von Prozessen zurück, und in gleichem Maße muß dieser Entzug natürlicher Intelligenz kompensiert werden durch Systeme künstlicher Intelligenz. Damit können nun auch die psychischen Leistungsgrenzen menschlicher Tätigkeit überwunden werden, ein Sachverhalt, der sich in Anbetracht der Beherrschung einer wachsenden Flut von Informationen zudem mit aller Dringlichkeit stellt. All das wirft naturgemäß die Frage nach der Rolle des Menschen in einer computerisierten Welt von heute und morgen auf. Diese Fragestellung ist zutiefst philosophischer Natur, denn im Zentrum unserer Philosophie steht der Mensch und alles rückt mit ins Zentrum, was sein Dasein und seine Selbstverwirklichung betrifft. Da moderne Technikentwicklungen hierauf nachhaltigen Einfluß ausüben, untersuchen wir sie in Hinblick auf die in ihr enthaltenen Potenzen für menschliche Daseinsgestaltung. Damit präzisiert sich unsere Fragestellung so: Welche Chance für den Menschen, für seinen Freiheits- und Persönlichkeitsgewinn liegt in der angedeuteten technischen Entwicklung? Mit den sozialökonomischen Verhältnissen des Sozialismus sind die gesellschaftlichen Grundlagen geschaffen, den antagonistischen Gang des wissenschaftlich-technischen Fortschritts, wie ihn der Imperialismus aufweist, ein für allemal zu überwinden. Es ist inzwischen millionenfache Erfahrung der Werktätigen unseres Landes, daß neue Technik die entscheidende Bedingung sozialen Fortschritts darstellt und daß sie zu beherrschen ist. Darum wird sie auch nicht als Bedrohung empfunden. Wohl aber haben wir das Vordringen der Computer in umfassender Weise als Herausforderung zu verstehen. Das gebietet wissenschaftsstrategische Entscheidungen auf höchster Ebene wie das engagierte Eintreten für die Bewältigung der damit verbundenen Aufgaben in Forschung, Entwicklung, Überleitung, Qualifizierung, und reicht hin - dies interessiert hier zunächst - bis zur Bewältigung der damit verbundenen weltanschaulich-ideologischen Fragen. So kann der massenhafte Einsatz der Computer auch bei uns zu einer gewissen Mystifizierung dieser Technik führen, den Eindruck hervorrufen, als verstünde die Maschine die menschliche Sprache, als wäre der Computer ein menschliches Wesen und womöglich souveräner und autonomer als der Mensch selbst. Ein solcher Eindruck kann besonders dann entstehen, wenn die "Technologie" maschineller Informationsverarbeitung nicht verstanden wird. Die Kenntnis darüber, w a s Computer tun und vor allem w i e sie es tun, ist somit von prinzipieller Bedeutung für ihre Bewertung. Wir vertreten die Auffassung, daß Systeme künstlicher Intelligenz geistige Leistungen des Menschen auf anderen Strukturniveaus der Materie nachvollziehen. Sie weisen keine menschliche Intelligenz auf, obgleich sie analog zur menschlichen Intelligenz zu Vergleichbarem fähig sind und damit geistige Prozesse der menschlichen Fähigkeit ergänzen, verstärken und partiell auch ersetzen. Der Computer hat kein Bewußtsein, das ihn allein in die Lage versetzen könnte, dem Menschen ebenbürtig oder gar überlegen zu sein. Er ist Instrument, ein künstlich geschaffenes Werkzeug oder "Denkzeug" in der Verfügung des Menschen.

Im Grund begegnet uns hier ein Phänomen, das wir auch im Vergleich Mensch und Tier beobachten können: Nur allzuleicht sind wir geneigt, tierischem Verhalten Begriffe beizugeben, die durch die Humanpsychologie belegt und inhaltlich bestimmt sind. Aber Tiere denken und fühlen nicht wie Menschen; denn beim Menschen sind die psychischen Prozesse vom Bewußtsein überlagert. Das Tier aber verfügt über kein gesellschaftlich gewachsenes Bewußtsein. Analog gilt das auch und erst recht hinsichtlich der psychischen Leistungen der Menschen im Vergleich zu den Leistungen von Maschinen. Die beim Menschen und beim Computer ablaufenden Prozesse sind nicht gleicher Qualität.

Es ist interessant, daß Lawrence Stevens die vier Voraussetzungen der Maximalvorstellungen der gegenwärtigen künstlichen Intelligenzforschung, die Dreyfus herausgefunden hat, ebenfalls unter Kritik stellt. Diese sind:

" 1. Die biologische Voraussetzung, daß nämlich das menschliche Gehirn in physikalischer Hinsicht einem Computer entspricht. Informationen werden im Gehrin ähnlich verarbeitet wie nach der in Computern benutzten Digital-Methode.

2. Die psychologische Voraussetzung, daß der Geist nach bestimmten Regeln arbeitet, die quantifiziert und in den Digitalcode übersetzt werden können.

3. Die erkenntnistheoretische Voraussetzung, daß alles Wissen in digitaler Form dargestellt werden kann.

4. Die ontologische Voraussetzung, daß Allgemeinwissen in kleine, unabhängige und situationsungebundene Stücke geteilt werden kann und diese Stücke alle in einen Digitalcomputer einprogrammiert werden können" /4/.

Alle Mißverständnisse in der Bewertung der Computer dürften gerade auf einer derartigen Identifikation von menschlicher und maschineller Intelligenz beruhen. Es ist aber nur möglich, Leistungen des Computers in ein Verhältnis zur menschlichen Intelligenz, also zum Niveau menschlicher Denkprozesse - zu setzen. Computer sind dann analog der menschlichen Denkprozesse zu vergleichbaren Leistungen fähig. Eine Analogie ist möglich, keine Identifikation. Auch ein quantitativer Vergleich, der Hinweis z.B. auf die teilweise größere Leistungsfähigkeit der Maschine, hebt den qualitativen Unterschied nicht auf. Um aber von vorn herein einem Mißverständnis vorzubeugen, sei festgestellt, es ist nicht unsere Absicht und kann auch nicht unsere Absicht sein, die Leistungen der Computer abzuwerten oder etwa gar geringzuschätzen. Wenn es aber darum geht, begründet Auffassungen zurückzuweisen, die im Computer eine Bedrohung oder Einschränkung menschlicher Souveränität sehen oder behaupten, daß sie die Menschheit überflügeln oder unterjochen könnten, erscheint es als unerläßlich, den Computern jenen Platz zuzuweisen, der ihnen gebührt: Werkzeug, Objekt des seine Zwecke verfolgenden Menschen zu sein und nicht umgekehrt /5/. In dieser Funktion freilich kommt ihnen hinsichtlich der Erhöhung menschlicher Leistungsfähigkeit, wie das auch im weiteren noch zu zeigen sein wird, eine große und wachsende Bedeutung zu. Die in der Tradition von Turing stehende und besonders in Informatikerkreisen weit verbreitete Auffassung, daß es keinen prinzipiellen Unterschied zwischen den kognitiven Fähigkeiten des Menschen und den Leistungen des Computers gäbe, hält einer Kritik nicht stand. Turing stellte in dem Artikel

"Computing Machinery and Intelligence" (1950) die Frage, ob Maschinen denken können und schlägt einen damals hypothetischen Test vor. Diesen bezeichnet er als Imitationsspiel. Kurz gesagt, besteht der Turing-Test in folgendem: Wenn ein Fragender in seinem Gespräch mit zwei Antwortenden, wo der eine ein Mensch und der andere ein Computer ist, nicht mehr unterscheiden kann, wer Mensch und wer Computer ist, ist der Nachweis vollbracht, daß Computer denken können. Eventuell kann noch mehr hineingedeutet werden, daß menschliches und Computerdenken identisch seien. Die aus diesem Test ableitbaren Konsequenzen stehen theoretisch jedoch auf schwachen Füßen. Erstens ist eine äußere Verhaltensähnlichkeit nicht der Nachweis innerer Prozeßidentität. Zweitens wird damit ein Agnostizismus bezüglich der Grundlagen menschlicher Denkfähigkeit und der psychophysischen Zusammenhänge vertreten. Drittens wird die intelligente Ausdrucksvielfalt bei Turing auf die geschriebene Sprache reduziert. Der prinzipielle Unterschied tritt freilich nicht so sehr in einem ergebnisbezogenen, quantitativen Leistungsvergleich zwischen Mensch und Maschine zutage. Partiell kann der Computer menschliche Denkleistungen durchaus übertreffen, denn dafür ist er schließlich geschaffen worden. Der Unterschied ist qualitativer Natur und erschließt sich uns deutlicher, wenn wir nach den Grundlagen und Prinzipien fragen, nach denen die Informationsverarbeitung beim Menschen bzw. beim Computer vor sich geht. Wenden wir uns zunächst dieser Fragestellung zu. Geistige Tätigkeiten und geistige Produkte sind charakterisiert,bedingt und bestimmt durch Informationsverknüpfung, d.h. durch Synthese und Analyse von Benachrichtigungen wechselwirkender Systeme unter dem Aspekt einer Finalisierungskonzeption eines dieser Systeme. Die Information bzw. die informationellen Prozesse sind dabei als Wechselwirkungserscheinungen in ganz besonderem Maße mit dem Verständnis von Phänomenen der natürlichen und künstlichen Intelligenz verbunden; denn auch technisch-geistige Leistungen beruhen auf Aufnahme, Verarbeitung (Analyse, Synthese, Strukturwandlung) und Abgabe von Informationen, wenn auch unter dem Aspekt menschlicher Zwecksetzung. Informationelle Prozesse stellen jedoch nur die Spezifizierung einer universelleren Erscheinung dar: der Widerspiegelung. "Das Informationelle bildet eine Eigenschaft stofflich und energetisch organisierter materieller Prozesse, eine Eigenschaft, die an Signale, d.h. vorwiegend physikalische Größen gebunden ist und die "Eigenart"

besitzt, sich invariant gegenüber ihren Trägern zu verhalten" /6/. Information als ein Begriff im Systemfeld der Künstlichen Intelligenz kann dabei verstanden werden als "Zusammenhang von objektivem Widerspiegelungsinhalt, Systemqualität des widerspiegelten Systems und Funktionsrealisierung in der widerspiegelten Umwelt" /7/. So gesehen haben jene Phänomene, die wir als künstliche Intelligenz bezeichnen, ihre natürliche Grundlage in den objektiven Erscheinungen der Materie und ihrer Widerspiegelung als Bewußtsein. Dabei muß man heute davon ausgehen, daß die Materievielfalt, die uns umgibt, sich durch spezifische Strukturebenen auszeichnet, die untereinander auch in einer genetischen Beziehung stehen. Die unterschiedlichen Strukturniveaus der Materie und ihre Einbettung in nachweisbare Entwicklungstrends des Hervorgehens der einen Klasse aus der anderen ist identisch mit einem hierarchischen Aufbau verschiedener Widerspiegelungstypen, die ihre theoretische Grundlage in den verschiedenen Typen der Bewegungsformen finden. Diese Theorie, von Engels begründet und in Beziehung gebracht zum heutigen einzelwissenschaftlichen Erkenntnisstand, liefert uns ein Bild von der Ausprägung ständig höherer Niveaus der Widerspiegelungseigenschaft der Materie. Damit finden wir auch einen Zugang zur spezifisch menschlichen Denkleistung im Vergleich zum Computer. Sehen wir uns das zunächst an. Die Theorie der Bewegungsform versucht, den Nachweis zu erbringen, daß verschiedene Strukturniveaus der Materie existieren. Sie können in eine genetische und strukturelle Gesamtbeziehung gebracht werden, die einerseits realen Entwicklungsprozessen der materiellen Welt entspricht und andererseits ein System der Hierarchie der Strukturniveaus der Materie ergibt. Beschränken wir uns hier auf die Reihe, die den genetischen Aspekt in den Vordergrund stellt.
Nach diesem Prinzip geordnet, ergibt sich folgende Entwicklungstendenz der Widerspiegelungsniveaus:

1. Die Bildung der Nukleonen aus den Plasmazuständen - plasmatische Bewegungsform;
2. Die Bildung der Kerne aus den Nukleonen - nukleare Bewegungsform;
3. Die Bildung der Atome aus den Kernen - atomare Bewegungsform;
4. Die Bildung der Moleküle aus den Atomen - molekular-chemische Bewegungsform;

5. Die Bildung von Molekülassoziationen, Gittern und makroskopischen Strukturen - klassische physikalische Bewegungsform;
6. Die Bildung der kolloiden Zustände - kolloide Bewegungsform;
7. Die Bildung der belebten Strukturen - biologische Bewegungsform;
8. Die Bildung der menschlichen Gesellschaft - gesellschaftliche Bewegungsform.

Natürlich ist diese Reihe eine idealisierte Darstellung, da sich im realen Entwicklungsprozeß die Bewegungsformen überlagern. Dennoch dürften bestimmten Entwicklungsetappen vorherrschende Bewegungsformen eigen sein. Diesen Bewegungsformniveaus entsprechen ganz spezifische Gesetzmäßigkeiten und Widerspiegelungsniveaus. Für unsere spezielle Betrachtung ergibt sich hieraus folgende Ableitung: Menschliche Intelligenz, Denkfähigkeit und Informationsverarbeitung ist ein historisches Produkt auf der Grundlage höchstentwickelter Materiestrukturen. Auf dieser Entwicklungsstufe erlangt die Materie die Fähigkeit zu einer besonderen Form der Widerspiegelung - dem Bewußtsein. Es ist eine sozial determinierte und sozial entstandene Form der ideellen Widerspiegelung der objektiven Realität, es ist die höchste Form der Widerspiegelung und zugleich höchste Entwicklungsstufe des Psychischen. Psychisches charakterisiert die Fähigkeit bestimmter Arten, von Objekten der äußeren Welt sinnliche und verallgemeinerte Abbilder zu erzeugen und darauf entsprechend zu reagieren /8/. Bewußt sind dabei alle solchen psychischen Erscheinungen und Handlungen des Menschen, die über seinen Verstand und Willen vermittelt werden. Sie setzen aus der Tätigkeit erwachsenes Wissen, Motive und Ziele voraus und sind mit diesen verbunden. Menschliches Bewußtsein umfaßt also alle psychischen Prozesse, einschließlich des Fühlens und Denkens. Das Denken ist das Besondere des Psychischen beim Menschen, und zwar sowohl hinsichtlich des Umfangs der Denkleistungen wie auch der Art und Weise des Denkens. Menschliches Denken vollzieht sich auf abstrakt-begrifflicher Ebene, es ist an Begriffsbildung (abstrakte, ideelle Abbilder) gebunden und insofern von sinnlich-bildhaften Denkprozessen, wie sie bei höheren Tierarten vorkommen, verschieden /9/. Eine Reihe von Denkleistungen, wie Konstruieren eines Abbildes der Außenwelt, Lernen (interne Systemänderung), Informationsauswahl und -verknüpfung, Konstruktion von Verhaltensalgorithmen, Optimierung von Algorithmen, Vorwegnahme von künftigen Situationen, sind jedoch nicht nur an psychische Prozesse des Menschen gebunden. Sie sind ohne Einschränkung dank der universellen Eigenschaft der Materie zur Widerspiegelung auch auf anderen Strukturniveaus möglich. Deshalb ist auch eine ergebnisbezogene Unterscheidung zwischen Leistungen menschlicher und künstlicher Intelligenz logisch nicht stichhaltig /10/. Während menschliche Intelligenz eine spezifische Bewußtseinsleistung und in diesem Sinne ideell, subjektiv und sozial motiviert ist, muß künstliche Intelligenz als ein Produkt menschlicher Intelligenz verstanden werden, d.h. es ist genetisch und funktional an menschliche Intelligenz gebunden, ist objektiv. Computer sind auf das gleiche Leistungsspektrum bezüglich rationaler Prozesse orientiert, operieren aber weder abstrakt-begrifflich noch sinnlich-bildhaft. Sie produzieren also keine ideellen Abbilder und vermögen demzufolge auch nicht damit zu arbeiten. Damit ergibt sich die Frage: Worauf beruhen dann ihre Leistungen? Gehen wir zunächst vom konventionellen Computer aus, so stellen wir fest, daß hier mittels bestimmter Algorithmen Zeichen (elektrische Signale) verarbeitet werden, d.h., Zeichen werden in einer bestimmten Folge durch elektronische Bauelemente wiederum definiert verknüpft. Der Computer verarbeitet also elektrische Signale, die seiner Struktur gemäß in Form diskreter Zustände Verwendung finden. Während der Rechner ausschließlich Zeichen verarbeiten kann, ist es uns als Menschen möglich, bestimmten Zeichenfolgen eine Bedeutung zuzuordnen. Wir verwenden Zeichenfolgen also als eine Form der materiellen Repräsentation von Inhalten unseres Denkens. Insofern ist die Darstellung von Zahlen oder Buchstaben, übersetzt in duale Systeme möglich, wobei diese duale Darstellung die Voraussetzung für die entsprechend zugeordnete Zeichenverarbeitung ist. Zahlen oder Buchstaben lassen sich dual darstellen und durch elektrische Signale materiell modellieren. Werden diese Signale im Rechner logisch verknüpft (entsprechende Bauelemente realisieren logische Funktionen), so entstehen neue Signalfolgen, denen wir nach dem vorher vereinbarten Code wieder eine bestimmte Bedeutung zuzuordnen in der Lage sind. Auf diese Weise kann ein Computer Aufgaben lösen, verbunden mit dem Vorteil, Zeichenfolgen in großer Geschwindigkeit zu wandeln, also schnell und exakt Ergebnisse zu liefern. Das Prinzip eines Computers besteht also darin, die Möglichkeit der Teilbarkeit von Informationen zu nutzen, kleinste Informationseinheiten zu bilden und diese in Zeichenform verarbeiten zu lassen sowie nach der Verarbeitung definitionsgemäß zu interpretieren. Die Interpretation der Zeichen, die der Rechner wiederum entsprechend der Konvention realisiert, liefert uns den Inhalt der transformierten Zeichenfolgen und somit die eigentlichen Ergebnisse, die für uns von Bedeutung sind. Dem gleichen Prinzip folgend, werden auch technische Prozesse der künstlichen Intelligenz realisiert. Sie unterscheiden sich jedoch qualitativ, d.h. hinsichtlich der Leistungsfähigkeit von konventioneller Computerbenutzung. Während "Rechenmaschinen" in ihrer historischen Entwicklung zunächst A u f g a b e n zu lösen hatten, zeichnen sich Systeme künstlicher Intelligenz dadurch aus, vom Menschen formulierte P r o b l e m e vermittels gleichermaßen vom Menschen vorgegebenen Problemlösungsmechanismen lösen zu können. Worin besteht der Unterschied? Von Aufgaben spricht man dann, wenn ein endlicher Algorithmus vorliegt, der es gestattet, aus bestimmten Aufgaben in Abarbeitung definierter logischer Operationen eindeutig Folgedaten zu ermitteln. Es ist also eine Schrittfolge bekannt, die in Anwendung auf eine Datenmenge neue Daten durch logisches Vorgehen zu ermitteln gestattet, wobei auch die jeweiligen Schritte, die logisches Vorgehen verkörpern, nach Inhalt und Reihenfolge exakt festliegen. Dem Rechner steht zur Datenverarbeitung zunächst ein steuerbarer elementarer Operationsvorrat zur Verfügung (z.B. Addition, Multiplikation ...), der in der Hardware invariant untergebracht ist. Solche elementaren Operationen werden durch elektronische Bauelemente, ihre Struktur und die Spezifik ihrer Kopplung realisiert, indem sie eine definierte Folge von Signaltransformationen ermöglichen. Die Signaltransformationen verkörpern die erforderlichen logischen Operationen. Solche logischen Operationen, die durch die elektronischen Bauelemente im Computer realisiert werden, sind gleichsam die "mathematischen" Grundelemente eines jeden Computers. Da dieser in der Hardware untergebrachte Operationsvorrat jedoch begrenzt ist und nicht alle Aufgaben diesen Operationen genügen, bedarf es der Findung von Algorithmen, die komplexere Aufgaben mit anderen Operationen vermittels der hardwareseitig materialisierten Operationen zu lösen ermöglichen. Für solche Aufgaben müssen zunächst algorithmische Lösungen gefunden werden, die sich allein des im Rechner vorhandenen elementaren Operationsvorrates bedienen. Sind solche Algorithmen gefunden, werden sie in ein entsprechendes Programm umgesetzt und stehen dann als Software zur Verfügung. Mit Hilfe dieser Programme wird der steuerbare Operationsvorrat zu einer Abarbeitungsfolge des programmierten Algorithmus verknüpft, so daß die algorithmierte Aufgabe gelöst werden kann. Dabei sind die Grenzen zwischen Hardware und Software fließend, da sich die Steuerung der elementaren Operationen durch externe Programme wie auch durch invariante Zwangsläufe von Signalen innerhalb der elektronischen Bauelemente selbst realisieren läßt. So werden beispielsweise bestimmte Routinen oder häufig vorkommende komplexere Operationen in der Schaltungsstruktur von Bauelementen fixiert, also in der Hardware untergebracht, wobei dieser Trend von der Entwicklung leistungsfähiger mikroelektronischer Bauelemente mitbestimmt wird. Aber auch durch "kluge" Software läßt sich das Arbeitsspektrum eines Rechners beträchtlich erweitern. Einmal weil durch die Qualität des im Programm enthaltenen Algorithmus sowie die Art der Programmierung selbst über die Rechendauer und die Rechenmöglichkeiten entschieden wird, zum anderen, weil durch in Programmen abgebildete spezifische Algorithmen auch Problemlösungsprozesse möglich werden. Problemlösungsprozesse sind komplexer als Aufgabenlösungsprozesse, schließen diese aber als innere Folgestufen ein. Um Probleme/11/ handelt es sich immer dann, wenn zunächst kein endlicher Algorithmus bekannt ist, der die zielgerichtete Transformation bestimmter Datenmengen gestattet. Dazu ist erforderlich, das Problem zu finden, es zu formulieren und schließlich zu lösen. Problemlösung heißt, daß ein endlicher Algorithmus gefunden wird, der das Problem in eine Aufgabe überführt, indem der gefundene Algorithmus abgearbeitet wird. Der Grad der Intelligenz künstlicher intelligenter Systeme läßt sich also am ehesten am Problemlösungsverhalten ermitteln. Es ist dies ein Kennzeichen, aber zugleich die besondere Schwierigkeit dieser Systeme. Um endliche Algorithmen für bestimmte Problemklassen zu finden, kann der Rechner nicht wie der Mensch auf schöpferische Phantasie zurückgreifen, sondern er bedarf wiederum bestimmter vom Menschen erdachter Metaalgorithmen, die ihrerseits die rechnerinterne Konstruktion von problemspezifischen Algorithmen gestatten. Letzteres bezieht sich beispielsweise auf die Lernfähigkeit solcher Systeme dergestalt, daß verschiedene, im Programm vorgegebene Schritte (Wege) zur Problemlösung systematisch erprobt werden, dabei die erfolgreichen und die erfolglosen gemerkt und je nach dem wieder verwendet oder nicht mehr verwendet werden. Da solche Prozesse mit hoher Geschwindigkeit im Computer ablaufen, lassen sich in kurzer Zeit erfolgversprechende Lösungen finden, wobei die Problemlösungszeit wesentlich vom Suchraum und der zur Verfügung ste-

henden Datenmenge abhängt. Die Qualität künstlicher Intelligenz hängt also einerseits von der Leistungsfähigkeit der eingesetzten Hardware, andererseits aber wesentlich von der vom Menschen in Hard- und Software bereits investierten menschlichen Intelligenz ab. Denn letztlich - und dies wurde zu zeigen versucht - sind intelligente Computerleistungen Ergebnis des intelligenten Umgangs mit logisch operierenden Bauelementen und in diesem Sinne nur im System Mensch-Maschine (Computer) erreichbar.
Auf Grund der Gesamtheit dieser Überlegungen scheint uns die Position begründet, daß künstliche Intelligenz von anderer Qualität als natürliche Intelligenz ist. Menschliche Denkprozesse als das bestimmende Moment des Bewußtseins sind Ausdruck der höchsten Form der Widerspiegelung der Materie. Auf der Grundlage des höchsten Strukturniveaus der Materie und in Auseinandersetzung mit der natürlichen und gesellschaftlichen Umwelt hat sich beim Menschen ein Sinnes- und Denkapparat herausgebildet, der die physiologischen Grundlagen einer ideellen, einer begrifflichen Widerspiegelung der Welt darstellt. Das begründet seine Fähigkeit zur Abstraktion und Verallgemeinerung, zum Vergleich, zur Analyse und Synthese, zum Erfassen des Wesens der Erscheinungen, des Entdeckens der Gesetze und reicht hin bis zum Selbstbewußtsein und zu undelegierbarer Verantwortung. Ein Computer ist auf Grund der Widerspiegelungsfähigkeit der Materie zu einer Reihe Denkleistungen analog des Menschen fähig, realisiert sie jedoch auf anderen Strukturniveaus der Materie. Er arbeitet nach dem Prinzip des Rechners, realisiert Befehlsfolgen auf technischen Systemen nach Programmen, die vom Menschen geschaffen sind. Insofern ist alles, was der Computer leistet, sekundär, den Vorleistungen des Menschen geschuldet. Er ist Werkzeug bzw. "Denkzeug" des Menschen, hilft ihm bei der Durchführung formalisierbarer Handlungsabläufe oder kognitiver Leistungen, enthebt den Menschen aber weder der kritischen Beurteilung der Computerleistungen, noch nimmt er ihm die Verantwortung für sein Handeln ab. Die anthropomorphe Ausdrucksweise, die sich - wie auch immer: leichtfertig oder aus der Not geboren - eingebürgert hat, leistet freilich dem Verwischen dieses prinzipiellen und qualitativen Unterschiedes Vorschub. Aber der Rechner ist kein eigentlicher "Partner", und der Mensch steht insofern auch nicht in einem "Dialog" mit ihm, sondern führt eher einen Monolog mit sich und seinem Werkzeug. Der Computer "nimmt" auch nicht im eigentlichen Sinne die

Umwelt "wahr", "versteht" auch nicht die menschliche Sprache oder trifft "Entscheidungen", die der vieldimensionalen Entscheidung des Menschen gleichkäme. Wenn diese und andere Begriffe im Bereich der Künstlichen Intelligenz verwendet werden, dann als Fachtermini mit ganz bestimmten Sinngehalt, die nicht leichtfertig oder naiv mit jenen Begriffen gleichgesetzt werden dürfen, die zur Charakterisierung menschlicher Intelligenz- und Bewußtseinsleistungen gebräuchlich sind.

Was hier vordergründig als scholastischer Streit erscheinen mag, hat jedoch grundlegende Bedeutung zumindest in dreierlei Hinsicht. Zum einen leistet ein Verwischen des Unterschiedes zwischen natürlicher und künstlicher Intelligenz Erwartungen Vorschub, die nicht einzulösen sind, weil sie das Werkzeug überfordern. Vor allem aber wird damit das Werkzeug in den Rang eines Subjekts erhoben. Eine Anwendung der Kategoerien der marxistisch-leninistischen Philosophie macht jedoch deutlich, daß künstliche Intelligenz in ihrer qualitativen Bestimmtheit als Objekt des seine Zwecke verfolgenden Menschen aufzufassen ist. Dieser ist und bleibt das "belebende Feuer der Produktion" (Marx), der bestimmende Faktor im System der Produktivkräfte. Computer arbeiten zielgerichtet, übertreffen auch partiell menschliches Leistungsvermögen, entlasten den Menschen von bestimmten Arbeiten und schaffen insofern neue Freiräume für schöpferische Betätigung, aber sie arbeiten unbewußt, in Bahnen, die ihnen wie die Ziele vom Menschen vorgegeben sind. Schließlich ist es vom Verwischen des Unterschiedes zwischen natürlicher und künstlicher Intelligenz nur noch ein Schritt, die Überlegenheit des Werkzeuges zu behaupten und den Menschen in eine untergeordnete, abhängige, versklavte Rolle zu drängen. In dieser Diktion rücken die Computer dem Menschen immer näher, oder die Menschen werden zu fühlenden Computern degradiert, zu emotionalen Maschinen. Das aber hätte entweder zur Voraussetzung, daß die Computer über Bewußtsein, über Interessen verfügen, was, wie wir sahen, nicht der Fall ist, oder sie müßten vom Menschen dafür programmiert werden. Letzteres scheint nun in Anbetracht der drohenden Militarisierung des Weltraums so utopisch nicht und wirft ein bezeichnendes Licht auf den Scheideweg, vor dem die Menschheit angesichts ihrer neuesten Erfindung steht. Ihr Sieg über die Natur, ein weiterer Schritt umfassender und tieferer Naturbeherrschung und damit menschlichen Freiheitsgewinns eröffnet zugleich die Möglichkeit totaler menschlicher Vernichtung. Das Instrument scheint sich gegen seinen Schöpfer zu wenden. Aber der Schein trügt: Hier äußert sich kein dämonisches Wesen der Computer, sondern das anarchisch-dämonische Wesen eines Systems, das der Profit- und Machtsicherung wegen Computer derart zu programmieren beabsichtigt. Sollte es nicht möglich sein, menschliche Intelligenz und Vernunft auf das Ziel zu richten, alles zu unternehmen, damit Systeme künstlicher Intelligenz der Bereicherung menschlichen Daseins dienen und angesichts der nie dagewesenen Konsequenzen alles zu unterlassen, was geeignet wäre, sie als willenlose Werkzeuge gegen die Menschheit zu wenden?

Literatur:

/1/ Roth, M.: Zur Evolution und Kooperation "Mensch und intelligenter Automat", in: Wissenschaftliche Zeitschrift der TH Ilmenau, Heft 6/ 1985, S. 16.

/2/ Feigenbaum, E.A.; Mc Corduck, P.: Die fünfte Computer-Generation. Künstliche Intelligenz und die Herausforderung Japans an die Welt, Basel-Boston-Stuttgart 1984, S. 54.

/3/ Evans, C.: Die winzigen Riesen. Mikroprozessoren revolutionieren die Gesellschaft, Frankfurt/M.-Berlin-Wien 1983, S. 263 f.

/4/ Stevens, C.: Auf der Suche nach der künstlichen Intelligenz. Wege zur perfekten Maschine, Landsberg 1985, S. 187.

/5/ Vgl. Nick, H.: Der Mensch - das "belebende Feuer der Produktion", in: Einheit, Heft 10/1985, S. 909/910.

/6/ Zänker, K.: Die Prinzipien der materiellen Einheit der Welt, ihrer Unerschöpflichkeit und Veränderbarkeit - allgemeinste philosophische Grundlagen der technischen Wissenschaften, Dissertation B, TU Dresden 1980, S. 43.

/7/ Wörterbuch Philosophie und Naturwissenschaften, Berlin 1978, S. 392

/8/ Autorenkollektiv: Marxistisch-leninistische Philosophie, Berlin 1979, S. 125/126.

/9/ Tembrock, Interview in"FF Dabei"48/85, S. 47.

/10/ Wörterbuch Philosophie und Naturwissenschaften, a.a.O. S. 401.

/11/ Parthey, H.: Gesetzeserkenntnis mittels erklärender Hypothesen, in: Der Gesetzesbegriff in der Philosophie und den Einzelwissenschaften, Berlin 1968, S. 150.

I.3 Informatik und künstliche Intelligenz als Problem bürgerlicher Philosophie

Die bürgerliche Wissenschafts- und Technikreflexion hat eine lange Geschichte und darin eine große Vielfalt entwickelt. Die Zahl nicht dem objektiven Gegenstand entsprechender Auffassungen ist unabschließbar und mit einiger Intelligenz auch in neuen zugkräftigen Varianten vermehrbar. Uns begegnet ein sich auf die gleichen Problemkreise richtender, allerdings an nur wenigen Grundkonzeptionen orientierter, weltanschaulicher Pluralismus, der im Rahmen der weltanschaulichen Auseinandersetzung historisches und aktuelles Interesse verdient. Die Historie soll uns hier nur so weit interessieren, wie sie zum unmittelbaren Verständnis der aktuellen Auffassungen über den hier interessierenden Gegenstand herangezogen werden muß /1/. Das ist deshalb legitim, weil die Wirkung aktueller Publikationen sich aus den aktuellen Selbstverständigungsbedürfnissen der Informatiker, Technikwissenschaftler, Soziologen usw. ergibt. In die Geschichte wird nur von manchen der gegenwärtig konzeptionellen Weltanschauungsbildner hineingefragt und die Diskussion aktueller Probleme der wissenschaftlich-technischen Revolution wird mit dem Blick auf Gegenwart und Zukunft vollzogen. Das ist auch verständlich durch die Herkunft der Wissenschaft Informatik.
Die Informatik ist kein Folgeprodukt der Philosophie, sondern steht in der Tradition von Logik, Mathematik, kybernetischer Systemtheorie und der Geschichte der technischen Informationsverarbeitung /2/. Zugleich ist sie heute mit praktischen Aufgaben so stark betraut, daß der praktische Erfolg im Mittelpunkt der Aufmerksamkeit steht. Die metawissenschaftliche Reflexion über das eigene Vorgehen gehört in die unmittelbaren Arbeitsaufgaben hinein, ist aber eben auf die Erledigung der unmittelbaren Aufgaben konzentriert. Zugleich ist eine geregelte Strenge des geistigen Vorgehens durch die Programmiersprachen, die exakt gemachten Inhalte, die technische Möglichkeitsbreite und die Präzisionsanforderungen bei Programm- und Dateneingabe gesetzt. Insofern gibt es also verschiedene Einflußfaktoren beim metawissenschaftlichen Aufsteigen in die Erkenntnistheorie oder andere Bereiche der Philosophie.

Aber zugleich ist die Informatik, vor allem mit ihren Zukunftsaufgaben,auch eine Wissenschaft vom Erkennen, Wissen, Denken und Handeln. Insofern sind ihre Vertreter prädestiniert, geistig rezipierend und auch geistig produktiv in diese Bereiche vorzustoßen, denen sich zugleich auch die Philosophie zuwendet.
In der heutigen bürgerlichen Gesellschaft gibt es Zusammenhänge und Entwicklungstendenzen, die die Informatik und die Künstliche-Intelligenz-Projekte in den Mittelpunkt weltanschaulicher Aufmerksamkeit rücken.
Ersten liegt dies daran, daß die wissenschaftlich-technische Revolution auf kapitalistische Weise und im kapitalistischen Interesse vorangetrieben wird. Vermittels der Informatik entfaltet der Kapitalismus sein menschenfeindliches Wesen durch Menschheitsvernichtungsdrohung. Globale atomare Vernichtungspotentiale sind ohne Informatik nicht möglich.
Zweitens wird das Kapital die Ausbeutung weiter intensivieren und unterwirft tendenziell alle Arbeiten den Ausbeutungspraktiken. Durch die Informatik wird zumindest ein Teil der geistigen Arbeit einer "Taylorisierung" unterworfen, da bestimmte infomationelle Vorgänge maschinell objektiviert sind und der Nutzer einem in den Computer hineinprogrammierten Maschinentakt unterworfen ist. Damit sind auch die beim Menschen verbliebenen geistigen Leistungsanteile zumindest an ihren quantitativen Parametern meß- und bewertbar. Das erzeugt gegenüber vorwiegend geistig Arbeitenden nicht nur Leistungsdruck, sondern als kapitalistisches Ausbeutungsphänomen aus Existenzangst vollzogene Leistungsverausgabung.
Drittens ermöglicht die moderne Informationstechnik tendenziell eine Durchschaubarkeit der informationstechnisch erschlossenen Wissens- und gesellschaftlichen Lebensbereiche.
Sie ist ihrer Tendenz nach eine demokratische und kommunistische Technik, da sie gesellschaftliche Beziehungen transparent macht, informationelle Privilegien aufzulösen vermag und eine kommunistische Wissensverteilung ermöglicht. Jeder nach seinen Fähigkeiten, jedem nach seinen Bedürfnissen. Doch im Kapitalismus wird diese Technik in solche gesellschaftliche Beziehungen eingefügt, die durch Entfremdung charakterisiert sind /3/.
Durch die Werktätigen, die soziale Schicht der Intelligenz eingeschlossen, hergestellte Produkte und Leistungen wirken in anderer sozialer Qualität, gegen sie und von ihnen in dieser sozialen

Qualität nicht beherrschbar. Diese "Kapitalisierung" des von ihnen im Rahmen der gesellschaftlichen Arbeitsteilung Geschaffenen ist der tiefste Grund für bürgerliche Technikkritik und Zukunfstpessimismus. Auch die moderne Informationstechnik ist im Kapitalismus in die für diese Gesellschaft charakteristische Weise des Wertbildungsprozesses und der Verwertungsprozesse des Kapitals eingebunden. Zugleich ist die Herrschaftssicherung als Normalverhalten jeder Klasse natürlich den Einsatz von Informationstechnik prägend. Insofern erscheint die eingesetzte Informationstechnik im Kapitalismus nicht nur als Herrschaftstechnik, sondern auch und gerade darum als Ausbeutungs- und Unterdrückungstechnik.
Viertens ist die Informationstechnik eine spannende, Interessen bindende und auch Vergnügen bringende Technik, die bei ihrer Nutzung die ganze Aufmerksamkeit auf sich zieht. Die Faszination dieser Technik wird im Imperialismus mit Manipulation /4/ verbunden. Zuerst muß diese Technik als "Verkaufsschlager" an den Mann gebracht werden, auch wenn dieser sie nicht braucht. Und dann soll diese Technik über Bildschirmtext (BTX) selbst als flexibler Werbeträger fungieren, zur Bedürfnisweckung dienen und zum Kaufen anreizen. Die Informationstechnik - wir sehen das schom am Fernsehen - ist gut geeignet, große Teile vom persönlichen Zeitbudget zu füllen. In dieser Nutzungszeit ist über Angebot und manipulierter Nachfrage bürgerliche Ideologie aller Schattierungen zu vermitteln, auch die seelische Deformation von Personen jeden Lebensalters bewerkstelligbar /5/. Der Computer, mit der entsprechenden Vernetzung, vereint die Medien der letzten Jahrhunderte, den Buchdruck, das Telefon, das Fernsehen mit der tendenziell zur Wissensverarbeitung wachsenden Datenverarbeitung. Die Frage nach dem Benutzer dieser Technik und seinen sozialen Qualitäten sowie nach dem gesellschaftlichen Umfeld mit seinen Charakteristika wird schlechterdings auch für bürgerliches Denken unabweisbar.
Wenn eine Revolution der Produktivkräfte in einer Epoche sozialer Revolutionen sich vollzieht und aus Klassenpositionen heraus diese soziale Entwicklungstendenz nicht akzeptiert werden kann, verengt sich der Blick der Betrachter oft auf vordergründige Zusammenhänge derBeziehungen von Technikund Gesellschaft. Die moderne Informations- und Kommunikationstechnik ist direkt prädestiniert, in bürgerlichen Gegenwarts- und Zukunftsvorstellungen als Deus ex machina aufzutreten. Da sie Inhalte und Formen der Arbeit verändert, Vermittlungsmedium gesellschaftlicher Verhältnisse zu sein

vermag und die geistige Welt des Menschen weiten kann, ist es möglich, sie mit sozialen Hoffnungen zu befrachten oder auch zu überfrachten.
Bei Klaus Haefner (Professor für angewandte Informatik an der Universität Bremen) finden wir einen pseudoalternativen Entwurf der Gesellschaftsentwicklung für die 90er Jahre. Zwei Gesellschaftsmodelle konstruiert er: Die human computerisierte Gesellschaft und die human alternative Gesellschaft. Seine Sympathien sind eindeutig verteilt; freundlich malt er die Zukunft der human computerisierten Gesellschaft. "Die human cumputerisierte Gesellschaft fordert, daß die zwei Seelen, ach, in unserer Brust, die kognitiv-intellektuelle und die affektiv-gefühlsmäßige, gleichermaßen weiterentwickelt werden. Der informierte Mensch des Jahres 1997 ist zum einen in der Lage, die hochleistungsfähige Informationstechnik zu kontrollieren, zum anderen aber hat er genügend Muße und seelische Stabilität, um als Mensch seinen Träumen, Sehnsüchten und Gefühlen nachzuhängen. ... Diese Harmonie erscheint uns heute zunächst unrealistisch. Sie ist es im Jahre 1997 jedoch nicht, wenn wir uns vergegenwärtigen, daß wir sie auf einer Reihe von Prämissen für die Existenz einer human computerisierten Gesellschaft aufgebaut haben: Frieden, Erhalt des Lebensstandards und Lösung des Problems einer gerechten Verteilung der aus der hohen Automatisierung der Wirtschaft erzielbaren Gewinne. Der informierte Mensch ist gleichzeitig Antrieb und Produkt dieser Prämissen, nur wenn die Menschen den harten Willen aufbringen, diesen Weg konsequent zu gehen, wird es den informierten Menschen geben" /6/. Diese Gesellschaft sei Produkt einer konsequenten Übergabe heutiger menschlicher Informationsverarbeitungsleistungen der Menschen an technische Systeme, wodurch der Mensch von diesen Arbeiten befreit und zu neuen Tätigkeiten angeregt würde. "Durch die konsequente Nutzung der Informationstechnik ist es gelungen, die Technik so zu strukturieren, daß menschliche Bedürfnisse nach Zufriedenheit und Muße wieder befriedigt werden können. Die bisher vom Menschen überall geforderte Rationalität - die sein Selbst zu zerstören begann - ist bei ihm selbst nicht mehr in dem Maße notwendig. Selbstbesinnung, Gefühl, Sichvergessen sind wieder möglich, sorgt doch eine ausgefeilte Technik für die Sicherung der notwendigen Basis der informationellen und der materiellen Welt" /7/. Wir finden bei Haefner solche Vorstellungen wieder, wie den "Prosumenten", der

dank intelligenter und flexibler Heimwerkzeuge für seinen Bedarf produziert. Von zu Hause aus wird die komplizierte automatische Produktionsanlage, die fast nie durch Störungen heimgesucht wird, während einer Fast-Freizeit ab und zu überwacht. Die Kinder werden nicht mehr in Kindergärten oder "Pflegeheimen" erzogen, sondern von, aller Erwerbssorgen ledigen, Müttern und Vätern. Die Bürger sind in "direkter Demokratie" per BTX oder anderer Systeme an der Regierung beteiligt. Ideologie verblasse schrittweise vor den zu klärenden Sachfragen. Und überhaupt sei der Mensch in der Lage, in interpersonaler Telekommunikation seinen vielfältigen Interessen nachzugehen und so ein ganzer Mensche zu sein.
Keinesfalls sollte alles aus diesen Vorstellungen in das Reich der Fabel verbannt werden, aber mit seinen Gesellschaftsvorstellungen vertritt er deutlich eine bürgerliche Ideologie der Klassenharmonie und verfällt auch in einen primitiven Antikommunismus. Blauäugig versucht er von 1997 eine soziale Retrospektive: Es "wurde eine Lösung für die Verteilung der Gewinne und Produkte gefunden, die aus den mittels Informationstechnik weitgehend automatisierten Arbeitsabläufen resultieren. Obwohl für dieses Problem keine 'reine' Lösung angegeben werden konnte, haben bis 1997 zahlreiche Entscheidungen zu einer akzeptablen Situation geführt: Durch höhere Steuern auf automatisierte Prozesse hat der Staat sich Einnahmen verschafft, um auftretende soziale Härten zu überbrücken; durch eine stärkere Eigentumsbildung der Arbeitnehmer beim Produktionsmittel Informationstechnik fließen dem Arbeitnehmer auch bei geringem persönlichen Einsatz angemessene Einnahmen zu, die eine gewisse Grundversorgung sichern; durch internationale Gespräche und Vereinbarungen ("Artificial Intelligence Limitation Talke", AILT) ist es gelungen, das Tempo der Informatisierung etwas zu verlangsamen, so daß ruinöser Wettbewerb an vielen Stellen vermieden werden konnte; durch sektorale Arbeitszeitverkürzung gelang es, weiterhin möglichst viele Menschen am Arbeitsprozeß zu beteiligen..." /8/. Die "human-alternative Gesellschaft" schildert Haefner als eine stagnierende und sich vielfältig deformierende Gesellschaft und rückt sie in die Nähe seines Bildes vom real existierenden Sozialismus. Hintergrund ist die bürgerliche Totalitarismus-Doktrin, nach der mit an Dummheit grenzender Verbissenheit die Lüge der gesellschaftspolitischen Gleichsetzung von Faschismus und realem Sozialismus hinsichtlich der gewaltsamen Vereinnahmung des Menschen durch das System in das System vorgetragen wird. "Ein den Wider-

spruch nicht duldender Konsens und die ideologische Kontrolle der Verbreitung von Informationstechnik würden zu gewissen Ähnlichkeiten der human-alternativen Gesellschaft mit dem praktizierten Sozialismus im Ostblock führen: Während dort die Produktionsmittel dogmatisch von den Funktionären verwaltet werden und privater Besitz verhindert wird, gibt es in der human-alternativen Gesellschaft keine fortgeschrittene Informationstechnik in privater Hand, aber vermutlich eine dem 'großen Bruder' des George Orwell ähnliche Überwachungstechnik in der Hand des Staates, die verhindern soll, daß sich Informationstechnik - z.B. in Form eines neuen Programms - weiter ausbreitet" /9/.

Ein Übersoll an Antikommunismus absolviert Haefner in seinem Buch "Mensch und Computer im Jahre 2000" (Basel-Boston-Stuttgart 1984). Informationstechnik ist für ihn Unterdrückungstechnik der Partei gegen die Menschen im Sozialismus. Er schreibt: "Mit der Realisierung eines integrierten Informations- und Telekommunikationssystems im Kommunismus könnte nun eine zweite Welle der Herrschaftsorganisation über die Länder des Ostblocks hinwegrollen: An die Stelle der physischen 'Behandlung' des Menschen in Konzentrationslagern, Arbeitslagern und 'psychiatrischen Kliniken' kann jetzt die subtile 'Behandlung' durch Rechnersysteme und nachgeschaltete Telekommunikationseinrichtungen erfolgen. Die Gehirnwäsche muß nicht mehr 'vor Ort' durchgeführt werden, sie kann vielmehr auf der Basis einer langfristigen Manipulation und Steuerung der an die Massen effizient zu verteilenden Information organisiert werden" /10/.

Er hofft, daß die trotzdem rebellierenden Massen das "System" hinwegspülen, und er befürchtet, das der Orwellsche "Große Bruder" sukzessive eingeführt wird.

Die Quintessenz seiner sozialpolitischen Empfehlungen ist letztlich: Kapitalismus akzeptieren und Informationstechnik forcieren. Wer sich dem kritisch entgegenstellt, wird dem Verdacht eines grünen oder kommunistischen "Totalitarismus" ausgesetzt.

Alle bürgerlichen Informatiker zeichnet analytische Schwäche bei der sozialen Identifizierung ihrer Gesellschaft aus. Jedoch Symptome und auch Syndrome wissen sie in unterschiedlichem Maße namhaft zu machen. Wir erleben so recht eigenartige Symbiosen von wissenschaftlichem Selbstkritikvermögen und sozialem Orientierungsverlust. Ein wohl schon klassisches Beispiel ist Joseph Weizenbaum (Professor für Informatik am MIT in Cambridge/USA). Nach seiner gegenwärtigen Meinung "sind fast alle Erfindungen dieses Jahrhunderts ...

Werkzeuge des Todes. Auch der Computer macht da keine Ausnahme. Dennoch sind die meisten meiner Kollegen am MIT und die meisten auch der Studenten der Überzeugung, sie arbeiten rein wissenschaftlich und ihre Arbeit habe nichts mit der gegenwärtigen politischen Situation zu tun. Wenn ich 'politische Situation' sage, ist das natürlich Schönrednerei; denn wir sind doch in der größten Gefahr, dass unsere Welt das Jahr 2000 nicht erlebt!" /11/ Weizenbaum ist Mitbegründer der "Computer Professionals For Social Responsibility" in den USA und der BRD, des "Forum der Informatiker für Frieden und gesellschaftliche Verantwortung". Er ist bekannt geworden als kundiger Kritiker der künstlichen Intelligenz, der auf diesem Gebiet selbst fachliche Erfolge aufzuweisen hat. Er ist weiter Informatiker und zugleich Kritiker bestimmter Entwicklungstendenzen. In diesem Sinne ist Weizenbaum Vertreter jener zahlenmäßig wachsenden Gruppe bürgerlicher Natur- und Technikwissenschaftler, die für eine Kompetenzerweiterung hinsichtlich der gesellschaftlichen Wertung und Materialisierung ihrer Forschungsergebnisse eintreten. Joseph Weizenbaum schreibt über seinen Beginn des philosophischen Nachdenkens über Probleme der Informatik und speziell der künstlichen Intelligenz: "Meine Erschütterung erfolgte nicht durch eine wichtige politische Person, die für eine Philosophie der Wissenschaften eintrat, sondern durch eine Reihe von Leuten, die hartnäckig einen Teil meiner Arbeit mißverstanden" /12/.
Er hatte 1964 - 1966 ein Computerprogramm entwickelt, mit dem man auf Englisch eine Unterhaltung führen konnte. Dieses Programm nannte er ELIZA in Analogie zu G. B. Shaws Theaterstück "Pygmalion" (Vorlage für "My Fair Lady"), in dem man ELIZA beibrachte, ein immer besseres Englisch zu sprechen. Das Programm imitierte einen psychiatrischen Dialog. Dieser zeichnet sich dadurch aus, daß der Patient zum Sprechen gebracht wird, indem der Psychiater immer wieder mit einfachen Fragen auf die Aussagen des Patienten reagiert. Weizenbaum meinte, daß er mit diesem Computerprogramm so etwas wie eine Parodie auf einen psychotherapeutischen Interviewer gemacht habe, der nur wie ein Echo auf Aussagen des Patienten mit Fragen reagiere.
Die Reaktion auf seine Arbeit erschreckte ihn.
1. Eine Anzahl praktizierender Psychiater glaubte, dieses Programm könne zu einer fast völlig automatischen Form der Psychotherapie ausgebaut werden. Weizenbaum bemerkte die dabei vollzogene Reduzierung des Psychiaters auf ein informationsverarbeitendes tech-

nisches System und das Ignorieren des ganzen Komplexes menschlicher Beziehungen zwischen Psychater und Patient. Wie, so meint er mit Recht entrüstet, sieht denn das Bild aus, das der Psychiater von sich und dem Patienten hat. Damit wirft er ein weltanschauliches Grundproblem für die Forschungen zur künstlichen Intelligenz auf: Welches Bild vom Menschen und von seinem geistigen Vermögen haben wir unter der Dominanz einer natur- und technikwissenschaftlichen Sichtweise? Er fragt: "Was ist das Besondere am Computer, das der Auffassung vom Menschen als Maschine zu einer neuen Ebene der Plausibilität verholfen hat?" /13/
Das Buch von 1976 (US-Ausgabe) zeichnet sich dadurch aus, daß Weizenbaum dem Leser die Arbeitsweise des Computers deutlich macht, und er zu der begründeten Auffassung kommt, daß "zwischen Intelligenz von Menschen und der von Maschinen ein Trennungsstrich gezogen werden" /14/ muß.

2. Er konnte feststellen, daß Menschen mit dem Computer recht schnell eine emotionale Bindung eingingen und das Gerät als quasimenschlichen, ja überlegenen Partner akzeptieren. Er stellt als generell fest, daß der Mensch, "um mit seinen Instrumenten richtig umgehen zu können, in Form von kinästhetischen und Wahrnehmungsgewohnheiten bestimmte Aspekte von ihnen verinnerlichen" muß. "Zumindest in diesem Sinne werden seine Instrumente buchstäblich Bestandteile seiner selbst, die ihn modifizieren und damit die Basis affektiver Beziehungen verändern, die er zu sich selbst hat. Man sollte erwarten, daß der Mensch die Instrumente stärker besetzt, die in direkter Verbindung zu seinen eigenen intellektuellen, kognitiven und Gefühlsfunktionen stehen, als Maschinen, die lediglich seine Muskelkraft vervielfachen ... Da der Mensch das am extremsten anpassungsfähige Lebewesen ist, konnte er derartige technische Ausgangsbasen für seine Beziehung zu sich selbst, für seine Identität als rein natürliche ... akzeptieren" /15/.
Weizenbaum fordert auf zu untersuchen, warum Menschen dabei ihre eigene Autonomie und Identität verlieren können. Als Informatiker erlebte er, wie stark die Neigung von Menschen - insbesondere von denen ist, die wenig oder nichts von der Funktionsweise von Computern wissen - sich auf die Computer zu verlassen, sie als Kritiker oder Zensor eigener geistiger Leistungen zu akzeptieren. Wenn die Menschen "also nicht gerade über einen ausgeprägten Skeptizismus verfügen (etwa von der Art, wie man ihn einem Varitézauberer

entgegenbringt), so können sie die intellektuellen Leistungen des Computers nur dadurch erklären, daß sie die einzige Analogie heranziehen, die ihnen zu Gebote steht, nämlich das Modell ihrer eigenen Denkfähigkeit. Dann nimmt es nicht wunder, daß sie übers Ziel hinausschießen; es ist schlechterdings unmöglich, sich einen Menschen vorzustellen, der beispielsweise ELIZA imitieren, gleichzeitig jedoch nicht die Grenzen überschreiten könnte, die ihm von ELIZAs Sprachfähigkeiten gesetzt wurden" /16/. Er kritisiert also die tendenzielle Identifikation von Computerintelligenz und menschlicher Intelligenz, zwei durch die Arbeitsweise der Informatik nahegelegten Positionen sind für ihn inakzeptabel: 1. den Computern menschliche Denkfähigkeit zuzuschreiben und 2. die menschliche Reichhaltigkeit des Denkens auf Logik zu reduzieren. In aller Schärfe stellt er fest: "Die Anwendung von Gedanken aus dem Gebiet von Rechnern und Rechenverfahren bei dem Versuch, das menschliche Denken zu verstehen, ist bei weitem metaphorischer als etwa die Anwendung mechanistischer Ideen zum Verständnis des physikalischen Universums" /17/.

Als kritischer Informatiker wendet er sich also gegen Versuche, im Computer mehr zu sehen, als er zu sein vermag. Dabei trifft er sich zum Teil mit Hubert L. Dreyfus, der seine Kritik an der technischen Leistungsfähigkeit von Computern ansetzt und betont, daß "Intelligenz in einem Zusammenhang stehen muß und deshalb nicht vom übrigen menschlichen Leben getrennt werden kann" /18/.

Weizenbaum steht prinzipiell positiv zur Computerentwicklung und nennt auch - im Unterschied zu Dreyfus - keine prinzipiellen Entwicklungsgrenzen für künstliche Intelligenz. Aber er sieht soziale Gefahren heraufziehen. Damit hängt auch sein von bürgerlichem Humanismus getragenes politisches Engagement zusammen! Weizenbaum folgt damit der Traditionslinie, die von bürgerlichen jüdischen Naturwissenschaftlern und Philosophen in den zwanziger und dreißiger Jahren in Deutschland ausging und durch Edmund Husserl ihre weltanschaulich-philosophische Begründung erfuhr /19/. Er befürchtet wegen der wachsenden Abhängigkeit der Menschen von informationstechnischen Systemen Gefahren für die Menschheit. Er sagt: "Ich befürchte, daß wir innerhalb der nächsten zehn Jahre eine Informationskatastrophe erleben werden, die sich - wenn auch auf einer anderen Ebene - durchaus mit einer atomaren Katastrophe vergleichen läßt. Worin genau diese Katastrophe bestehen wird, kann ich nicht sagen. Wenn ich das wüßte, könnten wir sie vielleicht vermeiden. Mehrere Varianten sind denkbar. Die eine ist, daß durch elektronische Kurzschlüsse ein Krieg ausgelöst wird, den niemand will" /20/. Insgesamt meint er, daß hochkomplexe informationstechnische Systeme mit implantierter Entscheidungsgewalt lebensgefährlich sein können. Damit hat er zweifellos recht!

Mit seinen Fachkollegen von der künstlichen Intelligenz geht er hart ins Gericht. Das Ziel von künstlicher Intelligenz sei, der Welt Maschinen zu bringen, die denken, lernen und schöpferisch tätig sind, und "deren Fähigkeit, diese Dinge zu tun, sich so lange steigern wird, bis 'die Summe der Probleme, die sie bearbeiten können, sich mit dem Problembereich deckt, auf den das menschliche Handeln angewandt worden ist' ... Das vorgeschlagene System benötigt nur genügend Zeit (aber innerhalb der absehbaren Zukunft) und wird dann bis ins letzte Detail auf eine Sammlung von Enzyklopädien ansprechen" /21/. Weizenbaum leugnet nicht die Notwendigkeit und Möglichkeit von Systemen künstlicher Intelligenz, wie sie auch heute für verschiedene Verwendungsbereiche angestrebt werden. Er macht aber Front gegen die, wie er sagt, "bornierte Vision des menschlichen Geistes" /22/, die das weltanschaulich-methodologisches Grundkonzept enthalte und gegen die überzogenen Deutungen der schon realisierten Systeme ("General Problem Solver"(GPS) von Newell und Simon; Programm der Klötzchen-Welt von Winograd). Er fordert seine Fachkollegen auf, ernsthaft darüber nachzudenken, "was es bedeutet, ein menschliches Wesen, und was es bedeutet, ein Computer zu sein" /23/.
"Der Mensch", so schreibt er, "ist aufgrund der Tatsache etwas Besonderes, daß er notwendigerweise Problemen gegenübersteht, die aus seinen spezifischen biologischen und emotionalen Bedürfnissen entstehen. Das menschliche Einzelwesen befindet sich in einem ständigen Zustand des Werdens. Die Aufrechterhaltung dieses Zustands, seines Menschseins, ja seines Überlebens hängt entscheidend davon ab, daß er sich selbst als menschliches Wesen sieht und auch von anderen menschlichen Wesen so gesehen wird. Kein anderer Organismus, und erst recht kein Computer, kann dazu gebracht werden, ausschließlich menschliche Probleme auf menschliche Weise zu lösen. Und da mit Ausnahme einer kleinen Anzahl formaler Probleme der Bereich der menschlichen Intelligenz durch das Menschsein des Menschen bestimmt ist, muß jede andere Intelligenz - wie hoch auch immer - dem menschlichen Bereich fremd sein ... Die Behauptung

ist falsch, daß eine wissenschaftliche Erklärung des ganzen Menschen' möglich sei. Es gibt Dinge, die nicht mehr im Machtbereich einer alles begreifenden Naturwissenschaft liegen" /24/. Er verweist dabei in seiner Argumentation auf die Rolle des Unbewußten im menschlichen Denken, die festgestellte Arbeitsteilung zwischen linker und rechter Hirnhälfte, unterschiedliche Erziehungsgewohnheiten und -ergebnisse in verschiedenen Ländern usw. sowie darauf, daß nicht alle menschliche Erfahrung in Sprache umgesetzt wird. Er betont: "Es ist ... kaum zu glauben, daß viele meiner Kollegen es nicht begreifen können, daß dem Computer hier Grenzen gesetzt sind: die natürliche Sprache wird er nie verstehen, und zwar weil es ein unbedingtes Verstehen nicht gibt. Verstehen setzt immer ein Wesen voraus, das etwas in seinem Zusammenhang erkennen kann, und wieweit es das kann, hängt von seiner eigenen Geschichte ab: jeder Mensch wird das gleiche immer ein wenig anders verstehen, und so ist es unmöglich, den absoluten Sinngehalt überhaupt zu erfassen" /25/. Weizenbaum fordert, die Vielfalt menschlichen Denkens und Erlebens nicht zu reduzieren und Natur- bzw. Technikwissenschaften zu den einzig akzeptablen Problemlösern der Zeit hochzustilisieren. Er macht Front gegen verschiedene Formen des Reduktionismus in seinem einzelwissenschaftlichen Forschungsgebiet. Wir meinen, daß Weizenbaum hier einen wertvollen weltanschaulichen und wissenschaftstheoretischen Beitrag für das Gebiet von Informatik und künstlicher Intelligenz geleistet hat, in dem es zu unseren Auffassungen im Kampf um die Lösung der Zukunftsprobleme der Menschheit eine Reihe von Gemeinsamkeiten gibt. Germogen Pospelow (Vorsitzender des wissenschaftlichen Rates für künstliche Intelligenz der AdW der UdSSR) wendet sich in einem Interview ebenfalls gegen überzogene und phantastische Vorstellungen zur künstlichen Intelligenz im Zusammenhang mit den heutigen Erkenntnisniveaus und Projekten. Auf die Frage: "Kann man einen künstlichen Intellekt schaffen, wie ihn viele im buchstäblichen Sinne verstehen?", gibt er die Antwort: "Im Prinzip ist das unmöglich. Das menschliche Gehirn ist ein äußerst kompliziertes, aus etwa 40 Md. miteinander verbundenen, ebenfalls unglaublich komplizierten Zellen bestehendes System. Es besteht eine ziemlich wahrscheinliche Hypothese, der zufolge eine einzelne Zelle die empfangenden Signale wie ein Computer bearbeitet. Folglich hält selbst die denkbar vollkommenste EDVA den Vergleich mit dem menschlichen Gehirn nicht aus" /26/ Vermutlich wird

sich auch im Bereich der bürgerlichen Wissenschaftspublizistik mit der weiteren Arbeit an Projekten der 5. Computergeneration Realismus ausbreiten.
Insgesamt, so kann man feststellen, ist im bürgerlichen Nachdenken über Informatik und Künstliche Intelligenz wachsender Realismus vorhanden, sofern es Hard- und Softwareprobleme, aber auch Fragen der Bewegungsform der Materie und des menschlichen Erkennens betrifft /27/. Die Sensibilität für soziale Probleme ist im Wachsen, aber wir haben hier die typischen bürgerlichen Denkrestriktionen. Bei Weizenbaum ist das in bürgerlichen Klassenpositionen gebundene Engagement für den Menschen hochherzig, und er geht den Weg einer bürgerlichen Kapitalismuskritik. Da er das soziale Subjekt einer konsequenten Menschlichkeit - die zum weltverändernden Handeln gekommene Arbeiterklasse - nicht sucht und nicht findet, werden in seiner Gesellschaftskritik die Züge von Verzweiflung und Irrationalität stärker. In dem von Bernhard Mosbrugger geführten Interview spricht er: "Meiner Überzeugung nach sind wir heute alle Passagiere auf einer Titanic: wir fahren auf den Eisberg zu, aber es ist zu spät, das Steuer herumzureißen. Es ist uns einfach bestimmt, auf diesen Berg aufzufahren; das Schiff muß sinken ... wir können gerettet werden, aber es ist ein Wunder vonnöten ... Durch den amerikanischen Präsidenten oder sonst irgend einen Staatsmann wird es sich nicht ereignen. Vielleicht wird es ein Kind sein, eine alte Frau, irgend ein einfacher Mensch! - Wir wissen es nicht" /28/. Sein Credo ist: "Die Rettung der Welt hängt nur von dem Individuum ab, dessen Welt sie ist. Zumindest muß jedes Individuum so handeln, als ob die gesamte Zukunft der Welt, der Menschheit selbst von ihm abhinge" /29/. Sobald Weizenbaum in die Diskussion der Mittel gesellschaftlicher Veränderung einsteigt, rutscht er ab in resignatives Moralisieren. Bei der Analyse der gesellschaftlichen Situation in seiner Gesellschaft erfaßt er jedoch auch sozialökonomische Ursachen. Dies ist vielleicht ein Ansatzpunkt zur eigenen Erfüllung seiner Forderung: "Man muß die konkreten historischen und sozialen Gegebenheiten erkennen! Ein Wissenschaftler kann das, muß das können!" /30/.
Bei Weizenbaum und eigentlich bei allen bürgerlichen Kritikern der künstlichen Intelligenz wird sie sozial als Erfüllungsgehilfe der "instrumentalen Vernunft" bezeichnet. Mit diesem Begriff ist der soziale Sachverhalt umschrieben, daß kapitalistische Entfremdung

besteht und "mit der Verwertung der Sachenwelt eine Entwertung der Menschenwelt" (Marx) einhergeht. Auf den unmittelbaren oder doch kalkulierbaren Vorteil bedacht, forciert das Kapital technische Entwicklungen und erzwingt Anwendungen, die sich vor allem gegen die arbeitenden Menschen richten. Die kalte Berechnung dominiert. Dagegenstehendes bürgerliches Denken ist in der Regel nicht in der Lage, die "instrumentelle Vernunft" klar als "kapitalistischen Verstand" zu bestimmen. Für Entstehen und die Lebenskraft der Bezeichnung "instrumentelle Vernunft" gibt es eine Reihe Gründe.

Der Kapitalismus war der erste Träger der Industrialisierung und er forciert noch heute die technische Entwicklung. Im Kapitalismus und Sozialismus gibt es heute ein annähernd gleiches Niveau der technischen Entwicklung und auch die Weisen der Verwendung der Technik für Aufgaben der Produktion, des Transports, in der Wissenschaft usw. stimmen offensichtlich ebenfalls überein. Bei der Beobachtung der Technikentwicklung und Verwendung im Kapitalismus fällt auf, daß dessen soziale Gebrechen verschärft zum Ausdruck kommen. Was liegt näher, als den dominierenden und sich gesellschaftlich ausdrückenden Kapitalinteressen phänomenologisch den Stempel der "instrumentellen Vernunft" aufzudrücken. Damit folgt man einem gebildeten Technizismus, denn man kritisiert nicht vordergründig die Technik, sondern nimmt sich eine Denkweise vor, die man als Schuldigen bestimmt. Damit sind in der Regel die leitenden Kapitalinteressen unsichtbar geworden oder doch zumindest die Schuld auf breitere Schultern verteilt. Die Akteure des technischen Fortschritts, Ingenieure, Technikwissenschaftler, Manager u.a. werden dieser letztlich schädlichen Denkweise geziehen. Auch ein Teil von Wissenschaftlern, Publizisten und Ideologen bietet wirklich Positionen, wo man eine solche "instrumentelle Vernunft" als geistige Grundlage vermuten könnte. Edward A. Feigenbaum ist dafür ein aktuelles Beispiel, der die USA zur beschleunigten Entwicklung von Computern der 5. Generation auffordert und sich gegen kritisches Nachdenken wendet /31/. Zweifellos gibt es häufig bei Technikwissenschaftlern die starke Konzentration der Interessen auf den unmittelbaren Gegenstand der Arbeit. Diese Denkweise ist aber bei ihnen selbst ein gesellschaftliches Produkt und "im Dienst" erworben. Philosophisches Nachdenken darüber muß zu den Ursachen vorstoßen. Dies jedoch wird durch die Bezeichnung "instrumentelle Vernunft" mehr erschwert als erleichtert. An den Begriff "instrumentelle Vernunft" lassen sich die seltsamsten Vermutungen binden. In einem Buch von Bammé u.a. lesen wir eine solche extreme Auffassung: "Die erste These besagt, daß der technische Entwicklungsprozeß, historisch erst einmal in Gang gesetzt, sich mit naturgesetzlicher Gewalt seine Bahn bricht. Maschinen entstehen und entwickeln sich entsprechend einer ihnen innewohnenden Sachnotwendigkeit, gleichsam eigendynamisch. Der Mensch muß sich ihnen anpassen, ist ihnen ausgeliefert ... Die zweite These lautet: Technologie ist nichts anderes als die gegenständlich gewordene Widerspiegelung der menschlichen Seele in die Natur. Maschinen sind vom Menschen produziert. Sie sind nichts anderes als die Materialisierung dessen, was im Kopf, in der Psyche des Menschen bereits vorhanden ist. Maschinen können als materialisierte Projektionen von Wesensmerkmalen des Menschen begriffen werden. Nicht die Technik wäre dann das größte Problem des gegenwärtigen Menschen, sondern der Mensch selbst.

Die dritte These geht schließlich davon aus, daß es ein gemeinsames Drittes gibt, das sowohl den Menschen als auch die Maschine prägt. Diese gemeinsame Dritte sind historisch-gesellschaftliche Strukturprinzipien, die, vermittelt über ständig sich wiederholende Interaktionen, zur Psychostruktur sedimentieren und sich in Maschinerie und Organisationsstrukturen vergegenständlichen. Psychostruktur, Organisationsstruktur und Maschinenstruktur sind versteinerte Formen sozialer Beziehungen" /32/.

Damit haben sich die Autoren ein Grundmodell geschaffen, alles in den menschlichen Beziehungen als maschinenhaft zu kennzeichnen.

Der Computer und die Kommunikationsmedien sind dann gegenwärtig der "Gipfel der Maschine". Höchstens Reste des Nicht-Maschinenhaften im Menschen können noch entgegengestellt werden. Auf jeden Fall sehen sie in den Ingenieuren und Informatikern erst einmal keine Partner: "In der Maschine liebt der Techniker sich selbst. In der Maschine sieht er sich im Spiegel. Also erklärt sie ihrerseits den Techniker. Er ist einer, der außer seiner Maschine, seinem Problem nichts braucht. Das ist der Punkt, wo Narzißmus in Autismus umschlägt" /33/. Der Ausweg soll künftig aus einer inhaltlich begründeten mehrwertigen Logik erwachsen. Die Autoren verweisen dabei auf Gotthard Günter.

Die nächsten Jahre mit ihren Fortschritten in der Computerentwicklung werden weiter von bürgerlich euphorischen Publikationen begleitet sein und auch von Varianten der Technikkritik. Wenn wir aber berücksichtigen, daß Gewerkschaften Kurs auf "technologische Mitbestimmung" nehmen und die Unternehmer im Interesse der Existenzverlängerung ihres Systems Sachverstand der Arbeiter, Ingenieure und Wissenschaftler kanalisieren und aktivieren möchten, so sind im wachsendem Maße ausgewogenere Darstellungen zum technischen Fortschritt und auch zu Künstlichen Intelligenz zu erwarten /34/.

Literatur:

/1/ Dafür liegen von marxistischer Seite Grundwerke vor: Bohring, G.: Technik im Kampf der Weltanschauungen, Berlin 1976; Wollgast, S.; Banse, G.: Philosophie und Technik, Berlin 1979; Kovacs, G.; Wollgast, S. (Hrsg.): Technikphilosophie in Vergangenheit und Gegenwart, Berlin 1984.

/2/ Oberliesen, R.: Information, Daten und Signale. Geschichte technischer Informationsverarbeitung, Reinbeck bei Hamburg 1982; Lindner, R.; Wohak, B.; Zeltwanger, H.: Planen, Entscheiden, Herrschen. Vom Rechnen zur elektronischen Datenverarbeitung, Reinbeck bei Hamburg 1984. Auf etwas belletristische Art geschrieben ist: Hanson, D.: Die Geschichte der Mikroelektronik. Wie Chips und Computer in unsere Welt kamen, München 1984.

/3/ Vergleiche dazu die Studie: Kurella, A.: Das Eigene und das Fremde, Berlin-Weimar 1968.

/4/ Zum Begriff der Manipulation vgl.: Autorenkollektiv: Manipulation. Die staatsmonopolistische Bewußtseinsindustrie, Berlin 1969, S. 37 - 45.

/5/ Dies wird von humanistischen Kräften in der bürgerlichen Gesellschaft unter Kritik genommen, aber Kapitalinteressen erweisen sich als stärker. Siehe z.B.: Prokop, D.: Heimliche Machtergreifung. Neue Medien verändern die Arbeitswelt, Frankfurt/M. 1984; Rogge, J. K.: Heidi, Pac Man und die Video-Zombies. Die Freude der Kinder und das Unbehagen der Eltern, Reinbeck bei Hamburg 1985. Die Schriften über diese Problembereiche lassen sich kaum mehr überschauen.

/6/ Haefner, K.: Die neue Bildungskrise. Lernen im Computerzeitalter, Reinbeck bei Hamburg 1985, S. 244 und 245.

/7/ Ebenda S. 239.

/8/ Ebenda S. 237.

/9/ Ebenda S. 255 f.

/10/ Zitiert nach: Haefner, K.: Informationstechnik in den kommunistischen Ländern, Technische Rundschau, Heft 29/1985, S. 49.

/11/ Weizenbaum, J.: Kurs auf den Eisberg oder nur das Wunder wird uns retten, sagt der Computerexperte, Zürich 1984, S. 20 f.

/12/ Weizenbaum, J.: Die Macht der Computer und die Ohnmacht der Vernunft, Frankfurt/M. 1978, S. 14.

/13/ Ebenda S. 22.

/14/ Ebenda.

/15/ Ebenda S. 22 f.

/16/ Ebenda S. 23.

/17/ Ebenda S. 242.

/18/ Dreyfus, H. L.: Die Grenzen künstlicher Intelligenz. Was Computer nicht können. Königstein/Taunus 1985, S. 329.

/19/ Vgl. Husserl, E.: Die Krise der europäischen Wissenschaften und die transcendentale Phänomenologie, Hamburg 1977.

/20/ Weizenbaum, J.: Kurs auf den Eisberg, a.a.O., S. 128 (Anhang).

/21/ Weizenbaum, J.: Die Macht der Computer ..., a.a.O., S. 238.

/22/ Ebenda S. 239.

/23/ Ebenda S. 278.

/24/ Ebenda S. 295.

/25/ Weizenbaum, J.: Kurs auf den Eisberg ..., a.a.O., S. 101.

/26/ "Künstlicher Intellekt: Wunsch und Wirklichkeit, in: Neue Zeit. Moskauer Hefte für Politik, Heft 6/1986, S. 24.

/27/ Daiser, W.: Künstliche Intelligenz Forschung und ihre epistemologischen Grundlagen, Frankfurt/M.-Bern-New York - Nancy 1984.

/28/ Weizenbaum, J.: Kurs auf den Eisberg ..., a.a.O., S. 48 u. 49.

/29/ Ebenda S. 54.

/30/ Ebenda S. 22.

/31/ Feigenbaum, E. A.; Mc Corduck, P.: Die Fünfte Computer-Generation. Künstliche Intelligenz und die Herausforderung Japans an die Welt, Basel-Boston-Stuttgart 1984.

/32/ Bammé, A.; u.a.: Maschinen-Menschen, Mensch-Maschinen. Grundrisse einer sozialen Beziehung, Reinbeck bei Hamburg 1983, S. 110.

/33/ Ebenda S. 195.

/34/ Siehe z.B. Ropohl, G.: Die unvollkommene Technik, Frankfurt/M. 1985.

II. Kapitel

KÜNSTLICHE INTELLIGENZ IM SPANNUNGSFELD DER TECHNIKWISSENSCHAFTEN

II.1. Künstliche Intelligenz - Stand, Tendenzen und Prognosen

Selbstverständlich ist es für die Künstliche Intelligenz als Teilgebiet der Informatik gegenwärtig nicht annähernd möglich, den Stand der Entwicklung, das erreichte Reportoire an Mitteln und Methoden, das vorhandene Theoriengebäude, die Riesenspanne vom Kern der Disziplin bis zu allen Anwendungen geschlossen darzustellen. Weit in die Geschichte von Naturwissenschaft und Technik zurückreichende Ergebnisse und Ideen, das gegenwärtig zu beobachtende Heraustreten aus dem experimentellen Stadium in praktisch relevante Anwendungen, der zu erwartende Einfluß auf alle Bereiche des menschlichen Lebens - alles das in unerhörter Geschwindigkeit sich entwickelnd - machen es sehr schwer, den aktuellen Stand auch nur auf Teilgebieten zu erfassen.
Pionierarbeit leisten auf diesem Gebiet einerseits die Autoren einiger bekannter Lehrbücher, die einen guten Überblick über das zu beherrschende theoretische Minimum vermitteln (wir denken hier etwas an die meisterhaften Darstellungen von Nilsson/1/ und Winston /2/. Andererseits ermöglichen vor allem die Tagungsberichte der Europäischen und Welt-Konferenzen zur Künstlichen Intelligenz eine Einschätzung zum Stand der Entwicklung. Schließlich gibt es einige Zeitschriften (als Beispiele seien etwa erwähnt die "Kybernetika", "Computer Sciences and Artificial Intelligence" sowie "Artificial Intelligence"), die das Gesamtgebiet behandeln /3/; sie werden zunehmend begleitet von Zeitschriften, die relativ selbständigen Teilgebieten der Künstlichen Intelligenz gewidmet sind, beispielsweise den Expertensystemen, der logischen Programmierung, der 5. Computergeneration, der Computeralgebra u.a.
Besonders bemerkenswert ist "The Handbook of Artificial Intelligence", das in drei Bänden die Breite und Tiefe der Künstlichen Intelligenz, wichtige Problemgebiete und die Schlüsselkonzepte ausführlich und detailliert darstellt und somit einem breiten Kreis von Interessenten zugänglich macht /4/. Diesen Weg gilt es innerhalb der Informatik als wissenschaftlichem Träger der Disziplin und in allen Anwendungsbereichen konsequent fortzusetzen. Viele Diskussionen rankten sich um die Frage, ob und wie Computer denken, ob und

wie Computer intelligent sein können - sie werden häufig heftig und erbittert geführt, aber genauso häufig mit zu wenig Sachkenntnis. Die Frage, auf Grund welcher Mittel und Methoden die heutigen und morgigen Computersysteme intelligenter als die gestrigen sind, wurde bezeichnenderweise sehr selten gestellt. Deren Kenntnis allein eröffnet aber den Weg der Künstlichen Intelligenz in die gesellschaftliche Praxis der Gegenwart und Zukunft.
Mindestens drei Entwicklungslinien des 19. und 20. Jahrhunderts sind - vom heutigen Standpunkt aus gesehen - von grundlegender Bedeutung für die Entwicklung der Künstlichen Intelligenz. Die erste betrifft die Mathematische Logik, die den Nachweis führte, daß das logische Schließen als ein Teilgebiet des menschlichen Denkens formalisierbar ist, die Aussagen- und die Prädikatenlogik hervorbrachte und sich gegenwärtig intensiv mit der Informatik vermischt. Man geht sicher nicht fehl, wenn man das Verhältnis zwischen Mathematischer Logik und Informatik in ähnlicher Weise betrachtet wie das zwischen Mathematik und Physik. Namen wie Boole, Frege, Whitehead und Russell, Hilbert und Tarski sowie Goedel kennzeichnen dieses Gebiet. Eine zweite Linie charakterisiert ein zunehmendes Verständnis des Berechenbarkeits- und Algorithmenbegriffs, ein theoretisches Bindeglied zu den damals "noch zu erfindenden" Computern.
Die "abstrakten Maschinen" von Turing und Post (Denkmodelle zu Charakterisierung der Berechenbarkeit), die Theorie der rekursiven Funktionen - die These von Church als Bindeglied zwischen den Denkmodellen und intuitiven Berechenbarkeitsvorstellungen - schließlich bereits hier (!) die Vorstellung, daß derartige "Maschinen" Symbole, nicht etwa Zahlen, verarbeiten - das sind theoretische Ergebnisse, die weit in die Zukunft reichen.
Schließlich darf man natürlich nicht die eigentliche konstruktiv-technische Entwicklung der Computer selbst vergessen, die seit Mitte der 40er Jahre beginnt und bis heute mit ungeahnter Geschwindigkeit fortgesetzt wird. Namen wie Babbage (als Vorläufer im 19. Jahrhundert schon alle wichtigen Strukturelemente eines Computers kennend), Turing, von Neumann, Zuse stehen als Beispiele. Und bis auf Babbage geht auch die Idee zurück, daß derartige komplexe (mechanische, später elektronische) Systeme "intelligent" sein müssen. Er traut seiner "Analytical machine" die Fähigkeit des Schachspielens zu, eine Idee, die 1948 von Shannon erneut ausgesprochen und prinzipiell untersetzt wurde, in den folgenden Jahren und Jahrzehnten

zunehmend realisiert wird und heute noch im Kernpunkt der Anstren gungen zur Schaffung einer künstlichen Intelligenz steht, sozusagen den wesentlichen Prüfstein darstellt.
Anhand der im oben erwähnten "Handbuch der Künstlichen Intelligenz" verwendeten Gliederung sowie eines kürzlich veröffentlichten Klassifikationsschemas seien einige wichtige Teilgebiete der Künstlichen Intelligenz kurz charakterisiert, eigentlich nur aufgezählt.
Ein erster großer Vorrat an Kernideen der Künstlichen Intelligenz rankt sich um die Überschrift "Problemlösen, Steuermethoden und Suche". Sehr viele Begriffsbildungen sind hier aus der Spielprogrammierung heraus entstanden und erweisen sich für viele analoge Probleme als wesentlich. Zur Veranschaulichung kann man hier oft das Schachspiel verwenden. Ausgangspunkt der Suche (nach einem Gewinn) ist eine konkrete Position, die in einer Datenbasis beschrieben ist; als Ziel ist die Menge aller durch Regeln genau beschriebenen Positionen, in denen der Gegner mattgesetzt ist, gegeben. Das Problem besteht darin, einen Weg vom gegebenen Startpunkt in die Menge der Zielzustände zu finden, wobei genau bestimmt ist, welche Operationen zu verwenden sind (Regeln für die Gangart der Figuren, abwechselndes Ziehen von Schwarz und Weiß, ...). Wesentlich für den Gang der Handlung (meistens das einzige Problem) ist die Steuerstrategie, die entscheidet, welche Operation anzuwenden ist. So besteht beim Schach das Problem ausschließlich darin, in jeder Position den richtigen Zug zu finden. Dieses Problem kann man einer Lösung zuführen, wenn man einen Zug auswählt, mögliche Antworten des Gegners mit eigenen Möglichkeiten konfrontiert, also vorausschauend Varianten (einen Spielbaum) konstruiert. Es gibt durchaus Probleme, bei denen eine erschöpfende Suche, eine vollständige Durchmusterung möglich ist. Eine Reihe von interessanten Schachendspielen wurde auf diese Weise behandelt. Bei komplizierteren Problemen stößt man jedoch schnell an Grenzen, die Probleme explodieren kombinatorisch, man muß den Suchraum verkleinern oder sich heuristisch in diesem Raum bewegen. Zahlen in der Größenordnung von 10 hoch 120 (Varianten auf dem Schachbrett), 10 hoch 40 (Dauerspiel) oder 400! (Positionen auf dem GO-Brett) zeigen die völlige Unmöglichkeit exakter Lösungen. Analog sucht man etwa Lösungen von Integralen, alle aus einer Menge von Axiomen ableitbaren Formeln, legt Handlungsfolgen eines Roboters fest, durchquert Labyrinthe u.a. Die für diese Problemstellungen erarbeiteten Theorien, Algorithmen, Vorgehensweisen

gehören zum Handwerkszeug der Künstlichen Intelligenz und zeigen bereits eine erstaunliche Leistungsfähigkeit.
Grundlegend für das Gebiet der Künstlichen Intelligenz sind die Fragen der Wissensdarstellung. Hier wird bei der Konstruktion intelligenter Systeme häufig ein sehr pragmatischer Standpunkt angenommen, der mit einer etwas ungezwungenen Sprechweise einhergeht. Beobachtet man einen Menschen, der eine Aufgabe löst, so geht man davon aus, daß er das zur Lösung benötigte Wissen besitzt. Er weiß, wie man integriert, wie man Skat spielt, wie man konstruiert, ... Genauso sagt man dies von einem Programm, das die gleichen Fähigkeiten zeigt. Diese Sprechweise sagt natürlich noch nichts über die zugrunde liegenden Mechanismen, weder beim Menschen noch beim Computer. In der Künstlichen Intelligenz ist die Darstellung von Wissen eine Kombination von Datenstrukturen und Interpretationsmechanismen. Die adäquate Verwendung beider führt zu sinnvollem, "wissendem", verständigem Verhalten. Die Entwicklung der letzten zwei Jahrzehnte hat zu einer ganzen Reihe von Standardstrukturen und -methoden zur Wissensspeicherung und -behandlung geführt, die eine "intelligente" Verhaltensweise ermöglichen. Dennoch bleiben hier noch viele ungelöste Fragen, die dieses Gebiet zu dem gegenwärtig vielleicht bewegtesten Teilgebiet der Künstlichen Intelligenz machen. Die Verwendung von Wissen setzt dabei wenigstens immer die folgenden Stufen voraus:

a) den Erwerb, die Gewinnung, das Erlernen von Wissen, eventuell auch die Korrektur oder die Erweiterung vorhandenen Wissens;
b) die Aussonderung von Wissen aus einer Wissensbasis, nämlich gerade desjenigen Wissens, das sich auf das anstehende Problem bezieht, anwenden läßt;
c) das Schließen über vorhandenes Wissen, das Gewinnen neuer Einsichten bei Verfolgung eines bestimmten Ziels.

Ein wesentliches Mittel des Schließens bildet die Mathematische Logik im weitesten Sinne, Aussagen- und Prädikatenlogik, modale Logiken, mehrwertige und unscharfe Logiken, das nichtmonotone Schliessen. Den einstweiligen Höhepunkt der Entwicklung (und keinesfalls den Abschluß) bildet die Programmiersprache PROLOG, in der sich die Prädikatenlogik, Suchverfahren, Schlußregeln, Wissensspeicherungsmöglichkeiten u.a. (mehr oder weniger harmonisch) vereinen (ein guter Überblick über wichtige Bereiche der Logik ist in /5/ enthalten).

Eine prozedurale Wissensrepräsentation liegt vor, wenn ein Verfahren (eine Prozedur) angegeben werden kann, mit dessen Hilfe in der gegebenen (zu bewältigenden) Situation ein Fortschritt erreicht werden kann. Auch menschliche Fähigkeiten und Fertigkeiten sind häufig prozendurorientiert (man vergleiche etwa einen Menschen beim Autofahren, beim Kochen, ...). Eine wichtige Struktur zur Darstellung relationaler Beziehungen sind semantische Netze. Ein Netz besteht aus Knoten, die Objekte, Konzepte oder Ereignisse darstellen, die Verbindungen zwischen den Knoten beschreiben Wechselbeziehungen zwischen ihnen.
Produktionsregel-Systeme sind gegenwärtig vielleicht die leistungsfähigste Methode zur modularen Darstellung von Wissen, die vor allem bei (den später noch genauer zu betrachtenden) Expertensystemen ihre große Reichweite bewiesen haben. Auf eine gegebene Datenbasis (also ein gegebenes Problem) können Regeln der Form

IF Bedingung THEN Handlung

angewendet werden. Die Bedingung muß so beschaffen sein, daß sie anhand der konkreten Situation als erfüllt (wahr) oder nicht erfüllt (falsch) klassifiziert werden kann. Ist sie erfüllt, so wird die Handlung ausgeführt, andernfalls wird die nächste anstehende Regel geprüft. Dabei wirken die Regeln stets auf die Datenbasis ein und beeinflussen sich somit nur indirekt. Mit Hilfe der Produktionsregeln wird das Wissen sehr transparent gemacht; man kann genau verfolgen, welche Bedingungen welche Handlungen bewirken. Leistungsfähige Expertensysteme berücksichtigen einige Hundert derartige Regeln. Von besonderer Bedeutung sind die zugrunde liegenden Steuerstrategien, die auch wieder heuristische Züge besitzen können und die die nächste anzuwendende Regel festlegen, falls mehrere Regeln anwendbar sind, die Reihenfolge der Regeln modifizieren usw.
Sehr beliebt zur Darstellung von konkreten Sachverhalten sind Frame-Strukturen, die prozedurale und deklarative Wissensdarstellungen enthalten können. Ein Frame (ein Rahmen) liefert eine Erwartungshaltung, die in einem bestimmten Zusammenhang nur noch konkretisiert werden muß. Ein Frame für einen Hund enthielte etwa die Rasse, die Farbe, den Eigentümer, das Alter, ... Eine Eintragung entsprechender möglicher Realisierungen beschriebe letztlich dann genau einen bestimmten Hund.
Für alle diese Darstellungsformen gibt es gut ausgearbeitete Theorien, Anwendungsbereiche, Software-Unterstützung zu ihrer Handhabung. Viele effektive Lösungen sind auf ihrer Grundlage möglich,

so daß man bei praktisch relevanten Aufgaben stets als erstes ihre Anwendbarkeit prüfen, ihre Anwendung versuchen sollte. Dennoch soll noch einmal betont werden, daß dieses Kernproblem der Künstlichen Intelligenz wohl immer noch am Anfang seiner Entwicklung steht. Ein umfangreiches, die ganze Entwicklung der Künstlichen Intelligenz beeinflussendes und durchdringendes Gebiet ist die Verarbeitung der natürlichen Sprache. Es wurden Programme entwickelt, die erfolgreich eingeschränkte Texte der natürlichen Sprache verarbeiten; der Nutzer wird entweder in der strukturellen Variation seiner Sprache durch eine künstliche Grammatik begrenzt oder wird im Bedeutungsbereich eingeschränkt (begrenzte Semantik). Damit ist es bereits für eine Vielzahl von Aufgaben möglich, Nutzerschnittstellen zu realisieren, die die Kommunikation in natürlicher Sprache realisieren. Die vollständige flüssige Beherrschung der natürlichen Sprache steht aber (noch) aus. Für den Gesamtkomplex der Verarbeitung der natürlichen Sprache kann man etwa folgende wichtige Teilgebiete erkennen (wobei jedes für sich genommen bereits schwierig, zukunftsträchtig, erfolgversprechend ist):

- die Spracherzeugung (die Synthese des gesprochenen Wortes, die Erzeugung von Dialogen und Texten);
- Sprachmodelle;
- die Analyse und das Verständnis der natürlichen Sprache;
- die rechnergestützte und automatische Sprachübersetzung;
- die Erkennung und das Verständnis des gesprochenen Wortes;
- Analyse von Texten;
- Lexikologie und Lexikographie;
- das Verstehen von Unterhaltungen und Dialogen;
- das Verstehen von Geschichten;
- Modelle, die die Sprache mit Umwelt und Aktion verbinden;
- natürlich-sprachige Schnittstellen (zu Datenbasen, in Expertensystemen, zu Robotern, ...).

Mehr innerdisziplinären, also vor allem Werkzeugcharakter tragen die Aufgaben der Schaffung von Programmiersprachen und Software der Künstlichen Intelligenz. Gerade für dieses Gebiet der Informatik sind höhere sprachliche Mittel von besonderer Bedeutung, da die Fragestellungen "für sich" schon genügend schwierig sind. Ein Bearbeiter einer solchen Aufgabe ohne eine entsprechende hohe Programmiersprache und eine ausgefeilte Laufzeitumgebung stünde vor

einer Vielzahl weiterer Schwierigkeiten, die die Realisierbarkeit faktisch in Frage stellen würden. Sprachen der Künstlichen Intelligenz spielten stets eine ausgezeichnete Rolle in der Entwicklung. Zum einen erlauben sie eine relativ bequeme Implementation und Modifikation von Programmen, zum anderen bilden sie ausgezeichnete Denkmodelle mit gut ausgearbeitetem theoretischen Hintergrund. Häufig sind - entsprechend der natürlichen Rolle einer Sprache - neue Konzepte und Ideen mit dem Entstehen neuer sprachlicher Mittel verbunden. So sieht man sich heute mit einem breiten Spektrum derartiger Sprachen konfrontiert, deren Verwendung durch ihre Konstruktion bestimmt ist; Sprachen für Expertensysteme, zur Wissensrepräsentation, also beispielsweise zur Behandlung von Frames, von semantischen Netzen, Produktionsregel-Systemen u.a. weisen auf die zu behandelnden Aufgabenklassen hin. Als Kernsprache der Künstlichen Intelligenz muß man immer noch LISP (als Abkürzung für lispprocessing = Listenverarbeitung) ansehen; sie wird im Rahmen neuerer Entwicklungen durch PROLOG (programming of logics = logische Programmierung) ergänzt (beileibe nicht verdrängt!). Diese beiden Sprachfamilien stehen stellvertretend für die funktionale und die logische Programmierung und werden zunehmend durch die objektorientierte Programmierung ergänzt. Es ist wissenschaftshistorisch außerordentlich interessant (wenn man bei noch nicht einmal 30 Jahren überhaupt diesen Ausdruck gebrauchen kann) zu verfolgen, wie "quasi über Nacht" von einem Mann (J.Mc Carthy) zu einem derartig frühen Entwicklungszeitpunkt (1958) eine solch ausgereifte Idee von derartiger Tragweite realisiert wurde, die inhaltlich genau dem in der Mathematischen Logik vorhandenen Kalkül entspricht. Die sprachlichen Probleme der Künstlichen Intelligenz werden im nächsten Abschnitt noch etwas detaillierter dargestellt.
Der Anwendungsaspekt der Forschungsarbeiten zur Künstlichen Intelligenz hat in den letzten zehn Jahren die Praxisrelevanz in jeder Weise erreicht und manifestiert sich gegenwärtig vor allem in der zunehmenden Konstruktion von Expertensystemen, die komplexe Aufgaben in den unterschiedlichsten Aufgabenbereichen lösen oder bei der Lösung mithelfen. Sie zeichnen sich, darauf beruht vor allem ihre Leistungsfähigkeit, durch die Fähigkeit aus, maximal das vorhandene Wissen eines menschlichen Experten, seine Vorgehensweise bei der Lösung von Problemen, seine Regeln und Entscheidungsmechanismen zu übernehmen, anzuwenden und mit den Vorzügen der Rechnersysteme (Geschwindigkeit, Speichervermögen u.a.) zu verbinden.

Die Auswirkungen derartiger Systeme auf ökonomische, wissenschaftliche und soziale Bereiche sind gegenwärtig nur schwer zu überschauen und bedürfen intensiver Untersuchungen und Vorbereitungen. Neben ganz legitimen und humanen Bereichen, also Anwendung in der Medizin, in den produktionsvorbereitenden Bereichen, im Bildungswesen u.a., sind sie auch ein Instrument in der Hand von Rüstungsanhängern und SDI-Apologeten. Natürlich ist die Gefährlichkeit dieser Zielsetzung keine Eigenschaft der Expertensysteme, sondern ihrer Auftraggeber und Nutzer.
Diese Fragen einmal ausgeklammert, gibt es heute kein Gebiet in Wissenschaft und Technik, das nicht bereits von Expertensystemen erfaßt oder zumindest konzeptionell betroffen ist, wobei der Arbeitsstand von konzeptionellen Vorstellungen über alle Erprobungs- und Bearbeitungsstufen bis zur höchsten Praxisrelevanz reicht, wobei bereits vorhandene Anwendungen der Künstlichen Intelligenz bereitwillig integiert, übernommen, ergänzt, erweitert und vervollkommnet werden. Beispielsweise hat dem Computerschach bisher eine intelligente Behandlung von Schachendspielen Schwierigkeiten bereitet; die Aufarbeitung von Expertenwissen und dessen Behandlung in Expertensystemen bewirkt auch in diesem Teilgebiet einen erheblichen Leistungsanstieg. So teilt man heute Expertensysteme oft nicht nur nach den zugrundeliegenden Formen der Wissensdarstellung o.ä. ein, sondern oft einfach nach ihrem Anwendungsbereich.
Industrielle Anwendungen (wie automatische Montage, Handhabung von Teilen, Prüfung und Qualitätskontrolle, Lagerhaltung, Produktionsplanung, ...) zeigen bereits den Weg, auf dem intelligente CAD/CAM-Systeme entstehen werden und bereits entstehen. Ihnen stehen Anwendungen in der Medizin und den Naturwissenschaften, in den Wirtschaftswissenschaften, in der Mathematik, im Bildungswesen, bei der Büroautomatisierung und vieles andere mehr zur Seite.
Gerade hier - in diesem anwendungsorientierten Bereich - kommt es auf eine souveräne Handhabung des gesamten Methodenvorrates der Künstlichen Intelligenz an.
Probleme, wie die Erfassung und Darstellung des Expertenwissens, plausibles Schließen, sprachliche Schnittstellen, Basissoftware für Expertensysteme, wurzeln natürlich in den bereits besprochenen Gebieten.
Auch diese Fragen werden in einem nachfolgenden Abschnitt noch einmal aufgegriffen.

Besonders intensiv zu erforschen und zu untersuchen sind die Auswirkungen der Künstlichen Intelligenz auf die Ausbildung. Dabei ist hier nicht etwa davon die Rede, welche Ausbildungsinhalte für die effektive Nutzung der Computersysteme im allgemeinen und intelligente Systeme im besonderen notwendig sind, sondern es steht umgekehrt die Frage, wie intelligente Lehr- und Lernsysteme zu entwerfen, zu realisieren und anzuwenden sind.
Ein weiteres großes Aufgabenspektrum der Künstlichen Intelligenz berührt wiederum die Informatik selbst.
Die Schaffung von Software, sicherlich und zweifellos ein Intelligenz erfordernder (auch fördernder) Prozeß, legt die Idee der rechnergestützen bzw. automatischen Programmierung nahe. Auch hierfür gibt es viele Vorarbeiten - ein langer Entwicklungsweg wurde bereits zurückgelegt. Der erste Schritt auf diesem Weg reicht sicher zurück bis zur Konstruktion des ersten FORTRAN-Compilers, der einen in einer höheren Sprache beschriebenen Algorithmus in die Maschinensprache eines Rechners übersetzt, und zwar unter der wesentlichen Nebenbedingung, daß die Korrektheit des Algorithmus in FORTRAN zu einem korrekten Maschinenprogramm führt. Gerade in der Konstruktion von Copilern steckt "bergeweise" menschliche Intelligenz, die zu einer halbautomatischen Programmierung führt.
Die heutige zentrale Aufgabe der automatischen Programmierung besteht darin, Programme zu verstehen und "darüber nachzudenken".
Das pragmatische Ziel besteht darin, Hilfsmittel bereitzustellen (selbstverständlich sind hier "intelligente" Hilfsmittel gemeint), die den menschlichen Programmierer in seiner Tätigkeit unterstützen.
Diese Gebiet läßt sich etwas detaillierter durch Aufgaben, wie die automatische Analyse von Algorithmen, Methoden zur Programmspezifikation, die Programm-Modifikation, die automatische Programmsynthese, die Programmtransformation, die Programmverifikation, beschreiben.
Wie sich die Entwicklung etwa fortsetzen könnte, zeigen aktuelle Lösungen zur schnellen Schaffung von Prototypen eines Programmes. Mit Hilfe bestimmter Spezifikationsvorschriften (von der Angabe von Beispielen über formale Methoden bis hin zur natürlich-sprachigen (!) Beschreibung des gewünschten Verhaltens) beschreibt man ein Verhalten, das das zu entwerfende Programm zeigen soll. Aus dieser Beschreibung wird ein funktionierendes (keineswegs ein gutes) Programm entworfen, das vom Menschen mit dem gewünschten Ver-

halten verglichen wird. Damit wird viel Implementationsarbeit eingespart, und erst dann, wenn das gewünschte Verhalten hergestellt und verifiziert werden konnte, erfolgen dann die Transformation der Spezifikation in leistungsfähige Umgebungen wie FORTRAN, PASCAL o.ä. Erinnert das noch an die herkömmliche Arbeit eines Programmierers? Auch dieser doch nicht junge Beruf unterliegt einer schnellen Änderung, so wie das bei vielen anderen auch der Fall ist. Die Modellierung von Sachverhalten und die Programmierung rücken immer weiter zusammen.
Obwohl bei der Beschreibung der Arbeitsgebiete der Künstlichen Intelligenz bisher vermieden wurde, menschliches und maschinelles "Denken" gegenüberzustellen, waren doch die Expertensysteme bereits ein Bereich, in dem explizit versucht wurde (dort zunächst durch die Nachbildung von Wissen, Regeln, Problemlösungskomponenten), menschliches Verhalten nachzubilden. So erhebt sich ganz natürlich auch - und das ist erkenntnistheoretisch sicher am bedeutsamsten - ein interessantes Wechselverhältnis zwischen menschlicher und maschineller Intelligenz: Neue Einsichten in die geistigen Prozesse beim Menschen ermöglichen neue Ansätze in der maschinellen Intelligenz, dort erreichte Ergebnisse befruchten die Ideenwelt zur Theorienbildung, zu neuen Gedanken in der Theorie der natürlichen Intelligenz. Ein in der Geschichte der Künstlichen Intelligenz bedeutsames System, der General Problem Solver, wurde von A. Newell und H. Simon direkt als "Theorie des menschlichen Problemlöseverhaltens" entwickelt. Dieses Grenzgebiet der Künstlichen Intelligenz und der Psychologie bezeichnet man am besten vielleicht durch "Kognitive Modellierung und psychologische Untersuchungen der Intelligenz".
In der erwähnten Klassifikation der Künstlichen Intelligenz wird dieser Bereich untergliedert in

- die Modellierung von Emotionen,
- Schlußfolgerungen über Meinungen und Motivationen,
- die Überprüfung von Erfahrungen,
- die Natur von Erfahrungen,
- Schlußfolgerungen über Ereignisse und Handlungen,
- Entscheidungsprobleme,
- Gedächtnis- und Bewußtseinsmodelle.

Eine lange Geschichte, die ebenfalls bis an die Anfänge der Entwicklungs der Künstlichen Intelligenz heranreicht, besitzt die

Automatisierung des logischen Schließens, das automatische Theorembeweisen. Ausgehend von ersten Versuchen zur Konstruktion eines aussagenlogischen Beweissystems (Newell, Simon 1956) und eines Beweissystems für geometrische Sachverhalte (Gelernter 1963) war das von Robinson (1965) entdeckte Resolutionsprinzip ein Meilenstein in der Entwicklung dieser Richtung, die sich bis heute in unerhörter Breite und Tiefe entwickelt hat.
Heute gehören die Resolutionstheorie, das nichtmonotone Schließen, die Verwendung von Nichtstandardlogiken, das induktive Schließen zu diesem Problemkreis, der sich immer stärker mit der logischen Programmierung durchdringt.
Als letztes wollen wir zwei große Gebiete nennen, die für sich bereits fast unüberschaubar sind und sich eng mit allen anderen Gebieten durchdringen und diese als Voraussetzung benötigen (auch innerhalb der Künstlichen Intelligenz ist Interdisziplinarität gefragt!). Es handelt sich um Computervision (nur unzureichend mit Bildverarbeitung übersetzt) und um maschinelles Lernen. Die Aufgabe eines Computervisions-System besteht darin, die Szene zu verstehen, die ein Bild beschreibt. Hierfür sind insbesondere die Bereiche der Bildaufnahme und -darstellung, die Klassifikation von Bildern (auch in Form von Zeichen- oder Mustererkennung) und das Verstehen von Bildern relevant.
Stellt man sich noch vor, daß Bilder sowohl Schwarz-Weiß als auch Farbdarstellungen, sowohl statisch als auch bewegt, zwei- und dreidimensional möglich sind, so kann man in etwa den gewaltigen Aufgabenbereich ahnen, der hier zu bewältigen ist. Die Fortschritte auf diesem Gebiet hatten vor allem ein enges Verhältnis zur Entwicklung der Mikroelektronik. Die Weiterentwicklung der Aufnahme- und Speichertechniken, der Gerätetechnik zur Darstellung von graphischen Informationen waren der Gegenstand zur Entwicklung theoretischer Methoden und Verfahren für die Realisierung der gestellten Aufgaben. Für viele schöpferische Aufgaben im ingenieurtechnischen Bereich ist die Beherrschung von graphischen Informationen (Zeichnungen, Schaltplänen, Diagrammen), sowohl zwei- als auch dreidimensional, von entscheidender Bedeutung.
Lernende Programme waren lange Zeit ein intensiv untersuchtes Gebiet, dem der Charakter von Grundlagenforschung ohne wesentliche Praxiswirksamkeit anhing. Gegenwärtig erleben die hier entwickelten Mittel und Methoden eine stürmische Anwendung und Fortführung, da man versucht, Lernprozesse zur Wissensgewinnung und -verbesserung

in Expertensystemen zu verwenden. Analoges und induktives sowie assoziatives Lernen, evolutionäre Lernmodelle, inkrementelles Lernen, das Erlernen von Parameter u.v.a.m. sind Forschungsbereiche, die hier zu meistern sind.
Traditionell rechnet man auch die Robotik als Aufgabe der Schaffung von intelligenten Robotern zur Künstlichen Intelligenz, ohne natürlich zu meinen, daß hier keine mechanischen, elektrotechnischen, technologischen ... Probleme zu meistern wären.
Gerade bei der Schaffung intelligenter Roboter treffen alle Gebiete der Künstlichen Intelligenz aufeinander:
Ein Roboter soll sehen können, in natürlicher Sprache ansprechbar sein, seine Antwort aufsagen; er soll sich autonom in unbekannten Situationen (etwa auf einem anderen Planeten) zurechtfinden, Pläne ändern oder sich ausdenken usw. usf.
Abschließend soll nur noch darauf hingewiesen werden, daß auch spezielle Hardwareprobleme und Architekturen der künstlichen Intelligenz anspruchsvolle Forschungsaufgaben darstellen. Hierher gehören etwa LISP-Maschinen, PROLOG-Architekturen, Spezialprozessoren zur Bild- und Sprachverarbeitung usw.
Eine hohe Bedeutung kommt der interdisziplinären Zusammenarbeit mit den gesellschafts- und geisteswissenschaftlichen Disziplinen zu, der Philosophie, der Soziologie u.a. Von wissenschaftshistorischem Interesse ist sicher die Untersuchung des Verhältnisses von Kybernetik und Informatik, speziell von Kybernetik und Künstlicher Intelligenz.
Die Weiterentwicklung der Künstlichen Intelligenz wird sicher davon gekennzeichnet sein, daß die disziplinäre Entwicklung in unvermindertem Tempo anhält und dem Nutzer immer intelligentere Systeme zur Verfügung stehen. In diesem Sinne wird die Künstliche Intelligenz in viele andere Gebiete Einzug halten und applikativ mit diesen Disziplinen verschmelzen.
Medizinische Informatik, CAD/CAM, ökonomische Informatik u.a. werden synonym stehen für die Anwendung der Informatik in diesen Bereichen. Informatik wird zunehmend mit der Künstlichen Intelligenz zu identifizieren sein.
Vorgezeichnet ist dieser Weg bereits seit dem Oktober 1981, als in Tokio die erste Konferenz über Computersysteme der fünften Generation stattfand. Dort wurde zum ersten Mal die japanische Konzeption für neue Computersysteme vorgestellt und diskutiert und bereits dort zeigte sich, daß die zukünftige Entwicklung zwei Kern-

punkte besitzen wird, einerseits die weiteren Fortschritte der Mikroelektronik auf der Grundlage der VLSI-Technik, andererseits die Entwicklung der Künstlichen Intelligenz. Die lawinenartige Ausdehnung der Arbeiten, die zu einer zweiten und dritten japanischen Version (1982 und 1983), analogen amerikanischen und westeuropäischen Projekten (ESPRIT 1984) führten, ist der beredte Ausdruck hierfür.

Das Projekt der Akademien der Wissenschaften der sozialistischen Länder für eine neue Generation von Computersystemen konzentriert sich auf die folgenden zehn Schwerpunkte:

1. Wissensverarbeitende Systeme,
2. Bildverarbeitungssysteme und Computergraphik,
3. CAD für Computersysteme,
4. Computernetzwerke,
5. Personal-Computer-Systeme,
6. Fehlertolerante Computersysteme,
7. Neue Massenspeicher,
8. Computersoftware-Technologie,
9. Neue Informationsverarbeitungs-Algorithmen und Architekturen,
10. Informatik im Bildungswesen.

Literatur:

/1/ Nilsson, N.J.: Principles of Artificial Intelligence, Palo Alto, CA, 1980.

/2/ Winston, P.H.: Artificial Intelligence, Reading, MA, 1977.

/3/ Waltz, D.L.: Scientific Data Link's Artificial Intelligence, Vol. II, LOS Altos, CA, 1982.

/4/ Barr, A., Feigenbaum, E.A.: The Handbook of Artificial Intelligence, Vol. I 1981, Vol. II and III 1982, Los Altos, CA.

/5/ Berka, K., Kreiser, L.: Logik-Texte. Kommentierte Auswahl zur Geschichte der modernen Logik, Berlin 1986.

II.2. Computersprachen und Sprachverarbeitungssysteme - Schritte auf dem Weg zur Künstlichen Intelligenz

Im Forschungsgebiet Künstliche Intelligenz hat der Problemkreis Computersprachen einen zentralen Platz. Wir versuchen deshalb hier eine Gesamtsicht zu geben. Jedes konventionalisierte Zeichensystem, das der Darstellung und Übermittlung von Nachrichten oder Informationen dient, bildet eine Sprache. So sind die Sprache der Bienen, die Gebärdensprache, die Formelsprachen von Logikkalkülen oder das System der Straßenverkehrszeichen solche Zeichensysteme. Man unterscheidet zwischen dem Sender und dem Empfänger von Sprachausdrücken. Eine Kommunikation zwischen mehreren Sprachbenutzern ist dadurch gekennzeichnet, daß die Rollen von Sender und Empfänger ständig wechseln können. Ein Dialog ist eine Kommunikation zwischen zwei Partnern.

Jede Sprache hat einen festen Zeichenvorrat (z.B. Buchstaben, Wörter, geometrische Formelemente), aus denen nach bestimmten Regeln Ausdrücke dieser Sprache (z.B. Wörter, Sätze, Texte, Computerprogramme) erzeugt werden können. Die Gesamtheit dieser Regeln einschließlich der Bedingungen für ihre Anwendung bildet eine Grammatik. Bei Programmiersprachen spricht man auch oft nur von der "Syntax".

Die Menge der generierbaren Ausdrücke einer Sprache ist im allgemeinen unendlich. Einem syntaktisch korrekten Ausdruck läßt sich ein Sinn, eine Bedeutung zuordnen. Deren Ermittlung und Darstellung sind Gegenstand der Semantik dieser Sprache. Nicht alle syntaktisch korrekten Ausdrücke sind aus semantischer Sicht auch bedeutungsvoll. (Die Abgrenzung und die Beziehungen zwischen Syntax und Semantik oder die Vereinbarung darüber, was z.B. bedeutungsvolle oder wahre Ausdrücke sind, ist seit langem ein Thema für Philosophen, Psychologen, Sprach- und auch Computerwissenschaftler. Für das Folgende muß ein intuitives Verständnis dieser Begriffe genügen).

In diesem Kapitel werden wir vorsätzlich geschaffene, künstliche, formale Sprachen zu unterscheiden haben von den natürlichen Sprachen. Während jene über eine relativ kleine Menge eindeutiger syntaktischer Regeln und eine formal recht gut beschreibbare Semantik verfügen, haben diese sich historisch parallel zur Kultur von Bevölkerungsgruppen entwickelt, und sie verfügen über eine weitaus größere Anzahl grammatischer Regeln, deren Anwendung auch durch

außersprachliche Einflüsse (Dialogsituation, Kenntnisse der Partner, Absichten usw.) gesteuert wird. In natürlichen Sprachen gibt es Regelausnahmen bis zu (vermeintlichen) Irregularitäten des Sprachgebrauchs. Auch kann viel schwerer eine Einigung darüber erzielt werden, was die Bedeutung eines natürlichsprachigen Ausdrucks ist.
Zum Austausch von Informationen zwischen menschlichen Sendern und Empfängern dienen nicht nur natürliche Sprachen, sondern auch formale Zeichensysteme wie die Sprachen der Logikkalküle, der Algebra, chemische Formelzeichen und Reaktionsgleichungen usw. Für die Kommunikation zwischen Mensch und Computer wurden spezielle Programmiersprachen (als eine wichtige, stark expandierende Teilmenge der künstlichen Sprachen) geschaffen.
Sprachgebrauch setzt stets eine Sprachverarbeitungsfähigkeit beim Empfänger voraus. Wenn also im folgenden von Sprachen in Verbindung mit Computern die Rede ist, so ist damit nicht nur das Notations-, das Zeichensystem gemeint, sondern es ist auch stets die Existenz eines Systems impliziert, das Ausdrücke dieser Sprache verarbeiten kann, d.h. eine Bedeutung im Sinne der Semantik dieser Sprache zuordnet. Solche Systeme für Programmiersprachen sind Interpreter und Compiler.
Die Entwicklung aller EDVA-Systeme (d.h. Rechner mit peripheren Geräten und Programmen) in Richtung auf intelligenzverstärkende, intelligentere technische Systeme vollzog sich bislang überwiegend über Computersprachen, d.h. die Sprachen, die vom Computer verarbeitbar sind.
Der nächste wichtige Schritt bei der Intellektualisierung der Computer wird sich mehr noch über die Hardware realisieren: Spezialprozessoren auch für Sprachen und Prozesse der Künstlichen Intelligenz sowie neuartige, biologische Speicherprinzipien (Biochips, Biocomputer) für die 6. Rechnergeneration.
Das Verhältnis der Verarbeitungsleistung einer EDVA zur intellektuellen (Vor-)Leistung des Anwenders hat sich immer weiter in Richtung zur EDVA verschoben. Der Mensch braucht zunehmend weniger die konkrete Abarbeitung zu kennen, explizit festzulegen und zu steuern, sondern er kann sich immer stärker auf das Finden und Formulieren von Problemen sowie das Bewerten und Benutzen der von der EDVA angebotenen Problemlösung konzentrieren. Das Formulieren von Problemstellungen und deren Mitteilung an den Rechner wurden zunehmend dadurch erleichtert, daß mit den Computersprachen Begriffe

und Strukturen bereitgestellt wurden, die immer besser den Problemen, ihrer rationellen Beschreibung und den natürlichen Denkweisen des Menschen angepaßt waren. Die folgenden Ausführungen sollen das - entlang der historischen Entwicklung und für ausgewählte Sprachen - anhand von fünf Schwerpunkten verdeutlichen: die Einführung der Assemblersprache, die Entwicklung höherer Programmiersprachen, KI-Programmiersprachen, Sprachen zur Wissensrepräsentation und natürliche Sprache.
Mit J. v. Neumann's EDVAC-Report, in dem erstmals ein nach einem gespeicherten Programm arbeitender Computer beschrieben wurde, wurde auch eine (1-Adress-)Maschinensprache als Kommunikationsmittel zwischen Programmierer und Maschine angegeben /1/. In einer Maschinensprache sind die Daten und auszuführenden Operationen hexadezimal codiert einzugeben, und der Nutzer muß Details der internen Realisierung (Register, Bitleisten usw.) genau kennen. Für jeden EDVA-Typ gibt es einen anderen Satz anders codierter Maschinenbefehle. So bewirkt z.B. die Eingabe von 1A 4D auf einer bestimmten Maschine, daß der Inhalt des Registers 4 zum Inhalt des Registers 13 addiert und das Ergebnis wieder im Register 4 gespeichert wird.
Bereits in den 50er Jahren wurde eine große Anzahl der bis heute gebräuchlichen Basiskonzepte von Programmiersprachen entwickelt und implementiert. So wurde die Assemblersprache als eine symbolische, maschinenunabhängige, mnemonisch günstigere Sprache entwickelt. Für jeden EDVA-Typ wird ein Assembler bereitgestellt, d.h. ein Programm, das ein Programm in Assemblersprache in ein einziges Laufzeitprogramm des internen Maschinencodes übersetzt /2/. Der Programmierer kann in der einfacher handhabbaren Assemblersprache programmieren, die Übersetzung besorgt die EDVA selbst und alle Assemblerprogramme sind damit portabel geworden. Die o.a. Anweisung kann jetzt als AR 4,13 geschrieben werden.
Ein nächster Schritt war die Erweiterung der Assemblersprache durch "Makro-Instruktionen" zum Makro-Assembler /3/. Makros sind Zusammenfassungen elementarer Befehle zu einer Operation höheren Niveaus. Mit dem Makro-Assembler wurde der Abstand des Programmierers zur Maschinensprache weiter vergrößert, und er konnte den Befehlssatz eines höheren (begrifflichen, logischen) Niveaus verwenden. So werden z.B. mit der einzigen Makroinstruktion "OPEN ...<symbolischer filename>..." alle Operationen zum Eröffnen einer Datei dieses Namens veranlaßt.

Diese Tendenz setzte sich mit den sogenannten "höheren Programmiersprachen" fort. Als erste entstand FORTRAN, mit der Begriffe wie Variable, Ausdrücke, Aussagen, iterative und verzweigte Programmstrukturen usw. eingeführt wurden /4/. Mit FORTRAN wurde erstmals praktisch bewiesen, daß man höhere Sprachen entwerfen und erfolgreich benutzen kann und daß das Compilieren und Abarbeiten vom Programmen in höheren Sprachen zeitlich abzeptabel ist. Ein FORTRAN-Compiler löst z.B. die komplexe SINUS-Funktion in eine Folge einfacher, hexadezimaler Maschinenanweisungen auf.
Die Sprachbeschreibung von ALGOL 60 lieferte dann das erste Beispiel für eine klare, präzise Sprachdefinition /5/. Sprache war damit nicht nur Mittel zur Problemlösung, sondern auch Objekt theoretischer Untersuchungen geworden. Mit ALGOL 60 wurde die in der Folge so bedeutsame Disziplin "Programmiersprachen" eigentlich erst geboren. Neben weiteren wichtigen Sprachen, die in dieser Zeit entstanden (z.B. COBOL /6/, COMIT /7/ oder SNOBOL /8/), sind hier vor allem IPL und LISP zu nennen, über die noch zu sprechen sein wird. Die 50er Jahre waren damit die Epoche, in der eine empirische Vorgehensweise u.a. solche fundamentalen Konzepte wie Symboltabellen, Kellerspeicher oder automatische Freispeicher-Verwaltung ("garbage collection") hervorbrachte.
In den 60er Jahren ging es um die Analyse und Verfeinerung der zuvor entwickelten Konzepte. Man suchte nach Verallgemeinerungen und mathematischen Theorien, und die Ergebnisse schlugen sich in der Automatentheorie, der Theorie der operationalen und mathematischen Semantik, Techniken der Sprachdefinition, Grundideen zum automatischen Überprüfen der Korrektheit von Programmen oder im Lambda-Kalkül nieder. Typische Sprachen aus dieser Zeit sind PL/1, SIMULA 67, ALGOL 68 oder SNOBOL 4.
In dieser Periode entstand auch eine Sprachtheorie, die sowohl für Programmiersprachen als auch für das Beschreiben natürlicher Sprachen eminent bedeutsam wurde: Das Shannonsche mathematische Modell der Kommunikation /9/ wurde von Linguisten (N. Chomsky) und Psychologen (G.A. Miller) zu einer Theorie für die natürliche Sprache weiterentwickelt /10/. Es entstand ein formales Modell des mentalen Mechanismus, mit dem ein menschlicher Sprecher/Hörer eine (potentiell) unendliche Menge natürlichsprachiger Sätze erzeugen bzw. verstehen kann, nachdem er über das Hören und Verstehen einer vergleichweise kleinen Anzahl solcher Sätze die Gesetzmäßigkeiten des Sprachgebrauchs erlernt hat. Diese sprachtheoretischen Unter-

suchungen führten zu einer Hierarchie von Grammatiktypen (Typ 0-, 1-, 2- und 3-Grammatik), von denen die Typen 2 und 3 von großer Bedeutung für die Technologie der Compilererstellung wurden.
Das Compilieren erfolgt in drei Phasen: lexikalische Analyse, Syntaxanalyse ("parsing") und Code-Generierung. In dem Maße, wie auf Grund der theoretischen Konzepte das Verständnis für Compilerstrukturen wuchs, verringerte sich der Aufwand für das Erstellen von Compilern. Man begann mit ersten Arbeiten zu Compiler-Compilern (z.B. /11/), d.h. Generatoren, die Compiler für andere Programmiersprachen oder einen anderen EDVA-Typ herstellen.
Als eine dritte Periode können die 70er Jahre angesehen werden, die durch ein rationelleres Herangehen an die Programmierung gekennzeichnet sind, durch den Versuch, die bisher erarbeiteten Konzepte und Theorien für eine Software-Technologie nutzbar zu machen. Die sinkenden Hardware-Kosten und die wachsende Komplexität der Software erzwangen eine Abkehr von reiner Forschung und einer Hinwendung zu praktischen, technologischen Fragestellungen. Insbesondere entstanden die Konzepte der Modularisierung von Programmen und der strukturierten Programmierung. PASCAL /12/ und MODULA /13/ sind typische "methodologie-orientierte" Sprachen aus dieser Zeit.
Die 80er Jahre sind durch den Ausbau und die ingeniöse Anwendung solcher Konzepte gekennzeichnet, deren Entwicklung in den 70er Jahren begonnen hatte: Modularität, Definition von Schnittstellen zwischen Modulen, Daten- und Programmabstraktion, Bedienerführung, interaktives Programmieren mit Menüs, Editoren und HELP-Funktionen, Portabilität von Programmen usw. Die heute gebräuchlichen gelten als "Programmiersprachen der 4. Generation". Sie sind z.T. Weiterentwicklungen bewährter Sprachen, z.T. völlig neue /14/. Sie sind weitgehend deskriptiv, d.h. man kann eine Vielzahl von Funktionen (z.B. Datenmanipulationen, Dialogablauf) beschreiben, statt sie prozedural angeben zu müssen.
Keine der bisher genannten Programmiersprachen - außer IPL und LISP - waren für Zwecke der Künstlichen Intelligenz entworfen oder von ihr effektiv nutzbar. Der Fortschritt bestand darin, daß höhere Sprachen mit adäquaten, problemangepaßten Begriffen für unterschiedliche EDVA-Anwendungen entwickelt wurden, die Kenntnisse der Maschinensprache und der konkreten Abarbeitung überflüssig machten. Der Programmierer kann sich auf die Problemformulierung und das Beschreiben des Problemlösens auf einem hohen, seiner Denkweise besser angepaßten begrifflichen Niveau konzentrieren. Die

Last der Herstellung eines effektiven, abarbeitbaren Maschinenprogramms wird der EDVA übertragen. Und diese höheren Sprachmittel beziehen sich sowohl auf das, w i e etwas zu verarbeiten ist (Algorithmen), als auch auf das, w a s zu verarbeiten ist (Daten). (Details dieser Entwicklung vgl. auch in /15/).
Diente die EDVA anfangs ausschließlich als Rechner, der umfangreiche Rechenarbeiten nach mathematischen Verfahren ausführte, so übernahm sie später auch Aufgaben der Massendatenverarbeitung (Datenbanken, Auskunftssysteme usw.). Weitere Anwendungsgebiete wurden die Prozeßrechentechnik und ein spezielles Teilgebiet, das mit "nichtnumerischer Informationsverarbeitung", "Symbolverarbeitung" oder besser mit "Künstlicher Intelligenz" bezeichnet wird. Zwischen dem Nutzer und dem Rechner bzw. größeren technischen Systemen (z.B. "Auge-Hand-Systeme" mit EDVA, Fernsehkameras und Manipulatoren) werden komplexe Informationen ausgetauscht. Der Computer verfügt über Daten, in denen Wissen über die Welt oder den Problembereich gespeichert ist und zur Lösung von Teilproblemen benutzt wird. Auch für die künstliche Intelligenz waren und sind Computersprachen ein zentrales Moment der Entwicklung. Dabei sind KI-Sprachen - ebenso wie die traditionellen Programmiersprachen - nicht nur Mittel zur Software-Herstellung, sondern ebenso "Denkwerkzeuge", mit denen die gewonnenen Einsichten über die Natur von Kognition und Intelligenz in angemessener Weise beschreib- und anwendbar wurden. So spiegeln sich in den Elementen der KI-Sprachen wesentliche Begriffe und Operationen wider, mit denen man intellektuelle Prozesse modellieren und (im Sinne einer Theorienbildung) auch erklären kann. (Ausführlichere Darstellungen siehe z.B. /16/, /17/, /18/).
Die Sprache IPL als älteste KI-Programmiersprache wurde parallel zur Entwicklung des automatischen Problemlösens entworfen. Sie war stark von der psychologischen Vorstellung über Assoziationen im menschlichen Gehirn beeinflußt. Die wichtigsten Sprachelemente waren Symbole und Listen. Das der Liste entsprechende Datenelement war die Zelle, eine Anordnung von zwei Feldern, von denen jedes Feld entweder ein Symbol oder den Zeiger auf eine andere Zelle enthielt. Die Zelle kann als eine rechneradäquate Darstellung der Assoziation verstanden werden. Mit Zeigerverweisen lassen sich beliebige Strukturen (lineare Ketten, verzweigte Bäume, zyklische Strukturen) in beliebiger Größe und Komplexität realisieren. Das ist

gerade für das Problemlösen wichtig: Suche nach einer Problemlösung ist gleichbedeutend mit dem Durc. ..-en einer geeigneten Folge von Kanten im Problemgraphen vom Anfangs- zum erwünschten Zielzustand. Listenstrukturen, wie sie von IPL bereitsgestellt und verarbeitet wurden, erwiesen sich als besonders flexibel und zur Aufnahme komplexer logisch-symbolischer Informationen, wie sie beim Problemlösen auftreten, als besonders geeignet. Und die unplanbare, sich ständig ändernde Größe solcher Strukturen wurde dadurch behandelbar, daß eine Liste der freien Speicherzellen geführt und dieser Freispeicherplatz automatisch verwaltet wurde.
Die Fähigkeit zur Listenverarbeitung war "eine der wichtigsten Ideen, die jemals in der Programmierung aufkamen" (J. Sammet, 1969).
War anfangs IPL nicht mehr als eine lose Menge von Kommandos auf Assembler-Niveau, so wurden in der Version IPL-V/19/ schon eine Reihe von KI-Programmen geschrieben (z.B. in /20/).
Wesentliche Ideen von IPL wie Listenverarbeitung, rekursive Programmierung oder Protokollmechanismen finden sich dann auch in der Sprache LISP wieder, die zur zentralen Programmiersprache der künstlichen Intelligenz wurde. LISP wurde 1958 durch Mc Carthy entwickelt /21/ und ist - in vielen Weiterentwicklungen, Dialekten und Implementierungen /22, 18/ - nach FORTRAN die älteste aller noch heute verbreiteten höheren Programmiersprachen. Die Möglichkeit des rekursiven Aufrufs von Funktionen, von bedingten (COND-) Ausdrücken, die Repräsentation symbolischer Informationen in einem einzigen Datentyp "Liste" (extern) bzw. in Listenstrukturen (intern) sowie die Darstellung eines Programms ebenfalls als Liste sind sicherlich wesentliche Gründe für die Universalität und breite Anwendung von LISP.
LISP bietet dem Programmierer ein Spektrum von Funktionen, die als Elementaroperationen in der nichtnumerischen Informationsverarbeitung typisch und nützlich sind. Naturgemäß machen Funktionen zur Manipulation von Listen den Hauptteil aus, z.B.

CAR ... ermittelt den Anfang einer Liste,
CDR ... ermittelt den Listenrest,
LIST .. stellt aus Elementen Listen her,
CONS .. erweitert Listen,
EQ ... testet auf Gleichheit.

Andere Funktionen sind z.B.

SETQ ... - Zuweisen eines Wertes zu einer Variablen,
PLUS ... - Addition zweier Summanden.

Ein LISP-Programm besteht aus Funktionen, die in einem quasimathematischen Format notiert werden: Jeder Funktionsaufruf ist als Liste zu schreiben, deren erstes Argument der Funktionsname ist und für die der Wert anderer Listenargumente deren Funktionsargumente sind. Die Schreibweise von LISP-Funktionen - geschachtelte KLammerausdrücke, bedingte Ausdrücke und rekursive Funktionsaufrufe (letztere wurden auch in ALGOL 60 übernommen) - führen gegenüber anderen Programmiersprachen auch zu einem veränderten Programmierstil.
Eine weitere Besonderheit von LISP ist die gleichartige Behandlung von Programmen und anderen Daten als Listenstrukturen. Damit hat man eine einfache, wirkungsvolle Möglichkeit, Programme durch Programme zu manipulieren (z.B. Erklären logischer Schlußfolgerungen, Erzeugen neuer Prozeduren). Es eröffnet sich zugleich eine sehr gute Möglichkeit, eine interaktive Programmierumgebung herzustellen: Editierungs-Programme oder "debugging"-Mechanismen können wiederum in LISP geschrieben werden.
Die schon in IPL verwendete Idee der Assoziationen wird in LISP mit sog. "Eigenschaftslisten" realisiert. Symbole heißen in LISP "Atome" und man kann Eigenschaften eines Atoms definieren, die über die Eigenschaftsliste mit dem Atom assoziiert werden.
Die Syntax von LISP ist ebenso simpel wie leistungsfähig: Es gibt nur Atome und Listen. Die Verschachtelung von Listen in beliebiger Tiefe führt u.U. zu einer Häufung von Klammern in der Schreibweise, aber diese Syntax ist leicht erlernbar und dann auch einfach handhabbar. Die Bedeutung von LISP und der darauf aufbauenden Sprachverarbeitungssysteme für die künstliche Intelligenz hat dazu geführt, daß inzwischen Hardware-Realisierungen ("LISP-Maschinen") angeboten werden, die eine besonders effektive Verarbeitung der LISP-Funktionen und damit der -Programme ermöglichen /23/.
Es gibt eine Reihe weiterer KI-Programmiersprachen, von denen manche nicht mehr im Gebrauch sind, die aber wichtige Schritte auf dem Wege zu intelligenteren Rechnern bedeuteten. So war die Sprache SAIL /24/ eine ALGOL-ähnliche Sprache zur Echtzeitsteuerung von Robotern. SAIL hatte einen assoziativen Speichermechanismus (für mehrfach indizierte Daten), und es war eine parallele Abarbeitung der Algorithmen vorgesehen. Eine Parallelverarbeitung ist wahrscheinlich auch ein wesentlicher Grund für die Leistungsfähigkeit des menschlichen Intellekts. SAIL war seinerzeit eine viel verwendete, leistungsfähige und gut getestete Sprache.

Ab 1967 entwickelte Hewitt die auf LISP aufbauende Sprache PLANNER für Wissen und Schlußfolgern in Problemlösungssystemen /25/. Ein PLANNER-Programm ist eine Menge von Aussagen ("Theoreme"), die angeben, wie ein Zielzustand unter bestimmten Bedingungen erreichbar ist, und was zu tun ist, um dieses Ziel zu erreichen. Mit PLANNER entstand der Begriff des "prozeduralen Wissens", des Wissens darüber, wie bestimmte Dinge zu tun sind.
Ein PLANNER-Programm wird in einem bestimmten Zustand angewendet, wenn das Muster ("pattern") eines Theorems auf die Beschreibung der konkreten Situation paßt ("match"). Dieses Vergleichen einer strukturierten Beschreibung mit einem Muster, die Entscheidung darüber, ob Strukturgleichheit vorliegt und welchen Wert die Variablen des Musters in der konkreten Situation haben, nennt man "pattern matching" (Mustervergleich).
Durch ein zielgesteuertes Nacheinander-Anwenden von Theoremen auf einen Anfangszustand wird versucht, den gewünschten Endzustand zu erreichen. Durch die Einführung des Mustervergleichs wird dieser Prozeß wirkungsvoll unterstützt. Patternmatching ist die maschinelle Simulation einer wichtigen Intelligenz-Komponente, mit der nämlich durch Mustervergleichs-Operationen verallgemeinerte Strukturen auf konkrete Situationen angewendet werden. Die Auswahl geeigneter Theoreme oder Regeln aus einer Datenbasis mit Hilfe des Mustervergleichs ist auch eine in Expertensystemen angewendete Vorgehensweise.
Ein weiteres wichtiges Merkmal von PLANNER war der automatische "backtrack"-Mechanismus (etwa: Spur zurückverfolgen, zurückspringen). Bei der Problemlösung, d.h. beim Durchlaufen von Pfaden im Problemraum, gerät das Programm an Entscheidungspunkte, wo keine eindeutige und endgültige Festlegung über das weitere Vorgehen möglich ist. Es werden deshalb alle temporären Informationen an diesem Knoten festgehalten, und das Programm arbeitet versuchsweise mit einer der Alternativen weiter. Ist das Ziel über diesen Weg erreichbar, kann die Information gelöscht werden. Falls das Ziel nicht erreichbar war, wird zum Entscheidungspunkt zurückgesprungen und eine andere Alternative versucht. Auch dieser Mechanismus ist das Pendant zu einer wesentlichen intellektuellen menschlichen Problemlösungs-Komponente.
Backtracking wurde bereits früher vorgeschlagen, aber erstmals in PLANNER als Steuerungsprinzip verwendet. Galt PLANNER anfangs nur als eine Sprache zum automatischen Theorembeweisen,so wurde sie

auf Grund der weiteren Verarbeitungsfähigkeiten - zielgesteuerte Deduktion, pattern matching, backtracking, Verarbeitung deklarativer und imperativer Sprachelemente - zum Sinnbild der damals fortschrittlichsten Ideen für KI-Sprachen und -Programmsysteme.
Weitere wichtige Meilensteine der Entwicklung von KI-Sprachen waren POP-2 (Popplestone, 1967), die von PLANNER beeinflußten Sprachen CONNIVER /26/, POPLER /27/, QA4 /28/ und QLISP /29/ sowie die Sprache FUZZY.
In QA4 wurde erstmals die sog. "Dämon-Technik" realisiert. Ein Dämon ist eine Funktion (Unterprogramm), die nicht explizit, sondern nur indirekt bei Erfüllung gewisser Aktivierungsbedingungen aufgerufen wird. Diese Bedingungen sind speziell mit Änderungen in der Datenbasis verknüpft. Auch diese Fähigkeit ist einer Komponente beim menschlichen Problemlösen nachgebildet.
Eine neuere KI-Sprache, die bereits breite Anwendung findet, ist PROLOG. Sie hat im Zusammenhang mit "logischer Programmierung", Expertensystemen und den Arbeiten zu neuen Rechnergenerationen eine besondere Bedeutung erlangt. PROLOG wurde ursprünglich als Interpretationssystem für die "Metamorphosis-Grammatik" von Colmerauer entwickelt /30/. Grammatische Regeln zur Analyse/Erzeugung natürlichsprachiger Sätze lassen sich in Form von Ersetzungsregeln notieren, z.B.

<satz> → <substantivgruppe> + <verbgruppe>.

Wegen der formalen Ähnlichkeit solcher Regeln mit der logischen Implikation hat sich PROLOG zu einer Sprache entwickelt, die auch (und inzwischen vorwiegend) zur Notierung von Fakten ("axiomen"), (Implikations-)Regeln und (zu beweisenden) Theoremen des Prädikatenkalküls 1. Stufe dient. Ein PROLOG-Verarbeitungssystem ist ein automatischer Theorembeweiser, dessen Input prädikatenlogische Ausdrücke sind. Die Sprache PROLOG /31/ ist leicht erlern- und handhabbar, ihre Ausdrucksmöglichkeiten sind zur Darstellung bestimmter Wissenskomponenten (Regelwissen) in KI-Systemen besonders geeignet. Ein PROLOG-Compiler enthält ebenfalls automatische Pattern-matching und Backtracking, die vom System wirkungsvoll für das Beweisen eines Theorems (d.h. Erreichen eines beschriebenen Ziels) eingesetzt werden, ohne daß sie dem Sprachnutzer bekannt sein oder gar explizit von ihm benutzt werden müssen.

Datentypen bzw. Datenstrukturen, die von PROLOG verarbeitet werden, sind:

1. Fakten ("Axiome"), z.B. "Hans ist Vater von Paul":
   vater (hans, paul).
   "Klara liebt Max": lieben (klara, max).

   Die Menge aller Fakten bildet die Datenbasis.

2. Regeln, die implikative Zusammenhänge zwischen Objekten aus der Datenbasis herstellen, z.B.:
   "Hans liebt alle Mädchen, die ein (bestimmtes) Buch besitzen."
   lieben (hans, X): - weiblich (X), besitzen (X, buch).

3. Definitorische Regeln, z.B.
   "Jemand ist Schwester von jemandem, wenn jene weiblich ist und beide die gleichen Eltern haben."
   schwester von (X, Y): - weiblich (X), eltern (X, V, M,)
   eltern (Y, V, M).

4. Anfragen ("Theoreme"), z.B.:
   "Besitzt Hans ein Buch?" : ?- besitzen (hans, buch).
   "Wen liebt Klara?" : ?- lieben (klara, X).
   "Wer wird von Hans und Klara gegrüßt?" : ?- grüßen (hans, X),
   grüßen (klara, X).

Ein Prädikat (z.B. "lieben") wird u.a. durch eine Mischung aus Fakten und Regeln definiert, die die "Klauseln" der Prädikate heißen. Für diese Klauseln ist eine kanonische Schreibweise (sog. "HORN-Klauseln") vorgeschrieben, die für das im PROLOG verwendete Beweisverfahren ("resolution principle" /32/, besonders günstig ist. Als einzige Beweisregel wendet PROLOG den "modus ponens" an.

$$\frac{\begin{array}{l} A \\ A \qquad\qquad B \end{array}}{B}$$

Logische Quantoren werden nicht explizit angegeben: Die Variablen eines Axioms werden als allquantifiziert angesehen, die Variablen in einem Theorem gelten als existentiell quantifiziert.

Die Leistung eines PROLOG-Systems besteht darin, Fakten und Regeln zu speichern und Anfragen zu beantworten, d.h.: Es wird die Ableitbarkeit von Entscheidungsfragen (Theoreme ohne Variable) aus der Datenbasis nachzuweisen versucht (Antwort: JA oder NEIN) oder eine Belegung ("instantiation") der Variablen und Ergänzungsfragen so zu finden versucht, daß das Theorem bzgl. der Fakten wahr wird (eine Antwort auf die zweite Frage wäre MAX).
PROLOG ist eine Programmiersprache sehr hohen Niveaus. Ihre Leistungsfähigkeit beruht eben auf der prozeduralen Interpretation von HORN-Klauseln. Sie dient zur Lösung aller Probleme, die durch Objekte, Eigenschaften und Beziehungen zwischen Objekten beschreibbar sind. PROLOG (oder eine PROLOG-ähnliche Sprache) ist zu einer Kernsprache der japanischen 5. Rechnergeneration erklärt worden. Demgemäß gibt es bereits zahlreiche PROLOG-Implementierungen, Versuche, LISP und PROLOG in einer Sprache zu vereinigen /33/ sowie erste Hardware-Realisierungen ("PROLOG-Maschinen").
Die genannten, mit KI-Sprachen eingeführten und realisierten neuen Konzepte wie assoziative Speicherung, Backtracking, automatische Deduktion, Parallelverarbeitung, Pattern-matching oder Dämon-Technik sind wesentliche Bausteine, mit deren Hilfe intelligentes Problemlösen (Robotersteuerung, Sprachverarbeitung, Handlungsplanung usw.) modelliert werden kann, von denen der Nutzer aber nur implizit Gebrauch macht. Die Aktivierung und Benutzung solcher "Intelligenz-Bausteine" erfolgt automatisch über die Organisation- und Steuerprinzipien des benutzten Sprachverarbeitungssystem bei der Problembearbeitung.
Für die neuere KI-Entwicklung spielt auch der Begriff "Wissen" eine wesentliche Rolle. KI-Systeme werden als "wissensbasierte Systeme" paraphrasiert, und der zu erwartende Fortschritt in der Computertechnologie wird durch den Übergang von der Daten- zur Wissensverarbeitung bestimmt.
Jeder hat eine intuitive Vorstellung darüber, was Wissen ist, und wie notwendig es für ein intelligentes, zweckgerichtetes und situationsangepaßtes Verhalten ist. Hier kann weder eine erschöpfende noch verbindliche Definition von "Wissen" gegeben werden. Es muß deshalb die Feststellung genügen, daß Wissen in der künstlichen Intelligenz aus Beschreibungen für empirische und definitorische Fakten in einem Gegenstandsbereich sowie Prozeduren für deren Verarbeitung besteht. Wichtig ist das sprachliche Niveau, auf dem

dieses Wissen formulierbar ist, daß dieses Wissen KI-Systemen explizit mitgeteilt wird und daß Wissen Gegenstand von Manipulationen im Rechner ist.
Nennt man die Menge des gespeicherten Wissens eine "Wissensbasis", so kann das Wissen (vom Nutzer oder von der Maschine) geändert werden, ohne die Verarbeitungsmechanismen zu ändern, und zur gleichen Wissensbasis können unterschiedliche Verarbeitungsmechanismen zugreifen. Die Darstellung von Wissen nennt man "Wissensrepräsentation". Sie besteht aus den Datenstrukturen sowie den interpretierenden Prozeduren, die den Computer zu wissensbasierten Operationen befähigen. Wissen in der künstlichen Intelligenz ist weniger "wissen, daß ..." als vielmehr "Wissen über ...". Und es gibt nicht nur sicheres, sondern auch unsicheres und unvollständiges Wissen.
Der Gebrauch von Wissen in KI-Systemen erfolgt zum Erwerb und Einordnen neuen Wissens, zum Wiedergewinn von Fakten aus der Wissensbasis und zum logischen Schlußfolgern ("reasoning") über diese Fakten.
In der Künstlichen Intelligenz wurden verschiedene Repräsentationssprachen entwickelt, die zum Mitteilen von Wissen und zu einer internen Darstellung im Rechner dienen. Die wichtigsten sind die nachfolgenden fünf Repräsentationsformen:
Eine bereits seit langem gebräuchliche Repräsentationsmethode ist die Darstellung im Prädikatenkalkül 1. Stufe. Eine zweite, sogenannte "prozedurale Repräsentation" ist eng mit der PLANNER-Denkweise verknüpft. Während deklarative Wissensrepräsentation stärker das "Wissen, daß ..." betont, dient eine prozedurale Repräsentation stärker dem "Wissen, wie ...". Eine dritte, weit verbreitete Form der Wissensrepräsentation sind die semantischen Netze, die in der Psychologie als Modelle des mentalen Gedächtnisses entwickelt wurden /34/. Ein semantisches Netz besteht aus Knoten, die Objekte, Begriffe oder Situationen repräsentieren, und aus Kanten als (binäre) Relationen zwischen den Knoten. Sowohl Knoten als auch Kanten können Markierungen tragen.
In solchen Sachgebieten, in denen die Ableitung neuer Information wesentlich auf einer komplexen Taxonomy der Begriffe beruht, sind semantische Netze die adäquate Repräsentation. Über die Vernetzung der Individuen, Begriffe und Eigenschaften entsteht eine Vererbungshierarchie der Knoten, die eine knappe Informationsdarstellung

mit großer Ausdruckskraft zur Folge hat und die Ableitung von Eigenschaften der Unterbegriffe und Individuen aus den Eigenschaften der Klasse ermöglicht, der sie angehören.
Die interne Repräsentation geschieht mit Hilfe von Attribut-Wert-Listen. In LISP entspricht jedem Knoten ein Atom, die semantischen Relationen sind deren Attribute (Eigenschaften) und die Knoten, auf die die Pfeile verweisen, sind deren Werte. Drei- und mehrstellige Prädikate müssen in eine binäre Form durch Einführen neuer (Zwischen-)Knoten umgewandelt werden.
Eine nächste wichtige Repräsentationsform für Wissen in KI-Systemen sind Produktionssysteme. Bereits 1943 wurden Produktionsregeln von Post vorgeschlagen /35/. Eine erste Anwendung zur Modellierung kognitiver Fähigkeiten fanden sie in den Phrasenstruktur-Regeln durch Chomsky. Seitdem sind sie bezüglich Schreibweise und Ausdruckskraft wesentlich weiterentwickelt worden (vgl. z.B. /36/).
Eine (sehr vereinfachte) Produktionsregel könnte beispielsweise lauten:

WENN ein eingegebener Satz der Struktur
(X verb adverb Y) entspricht,
DANN antwortet mit (WARUM verb X adverb Y?).

Ein Dialogsystem würde den Input "Peter geht gern ins Kino" mit "Warum geht Peter gern ins Kino?" hinterfragen.
Ein Produktionssystem, wie es in der künstlichen Intelligenz verwendet wird, besteht aus drei Teilen:

1. Eine Menge von Produktionsregeln bildet die Regelbasis. Jede Regel ist ein Bedingungs-Aktions-Paar der Art: "Wenn Bedingung zutrifft, so führe Aktion aus."

2. Eine puffer-ähnliche Struktur ("Kontext") enthält den aktuellen Zustand, auf den eine Regel angewendet wird. Nach dem Ausführen der Aktion hat sich der Kontext geändert.

3. Ein Interpreter steuert die Anwendung der Regeln. Meist gibt es mehrere, evtl. konkurrierende Regeln, die auf einen Zustand anwendbar sind. Der Interpreter muß entscheiden, welche Regel auf den Zustand angewendet und welche Kontextänderung dadurch erfolgen soll.

Produktionsregeln bilden eine Sprache hohen Niveaus. Ihre Syntax ist einfach, und der einzige Aussagentyp ist die Regel. Vorzüge

von Produktionssystemen sind die Modularität und gegenseitige Unabhängigkeit der Regeln, die einheitliche, leicht erlernbare Regelstruktur, und eine "Natürlichkeit" in dem Sinne, daß bestimmtes Wissen - nämlich was in bestimmten Situationen zu tun ist - auf sinnfällige Art ausdrückbar ist.
Trotz einiger Nachteile, die Produktionssysteme (wie auch alle anderen Repräsentationssprachen) haben, werden sie sowohl in der künstlichen Intelligenz zur Wissensrepräsentation als auch (auf Grund des stimulus-respons-Charakters ihrer Regeln) in der Psychologie zur Modellierung des Regelaspektes beim Problemlösen oft benutzt.
Eine fünfte Gruppe zur Wissensrepräsentation bilden die sogenannten "frame"-Sprachen. Es gehört zu den relativ alten psychologischen Einsichten, daß der Mensch früher erworbenes, strukturiertes Wissen anwendet, um neue Situationen zu interpretieren und sich in ihnen zurechtzufinden. Dieses Wissen ist durch Verallgemeinerung, durch Abstraktion aus vorangegangenen Erfahrungen mit bestimmten Objekten und Situationen hervorgegangen.
Eine formalisierte Struktur, mit der typische, rekurrente Objekte, Eigenschaften von Objekten oder Situationen repräsentiert werden, nennt man einen "frame" ("Rahmen", vorgebildete Struktur; der Name wurde von Minsky eingeführt /37/).
Die Organisation von Wissen in einer solchen Form unterstützt eine "erwartungsgesteuerte" Verarbeitung, indem typische Informationen erwartet werden bzw. nach ihnen gesucht wird, die zu dem Kontext gehören, in dem man sich gerade befindet. Der Mechanismus, der das ermöglicht, ist der "slot" (z.B. Monat, Tag): Ein Slot markiert eine Stelle im Frame, die von einem aktuellen, zulässigen Wert ("filler") besetzt werden kann (z.B. Monatsname). Aus dem Frame entsteht durch das Einsetzen von Fillern eine konkrete "Instanz" (d.h. Beschreibung eines bestimmten Objektes, einer bestimmten Situation usw.).
Im Frame können Wertebereiche für die Filler oder - falls aus der konkreten Situation kein Wert explizit bekannt ist - Prozeduren zum Ermitteln der Filler oder Standardannahmen vereinbart werden.
Die Argumente der Slots können auch wieder Objekte sein, die durch andere Frames beschrieben werden, so daß eine hierarchische Struktur von Frames entsteht.

Frames sind - wie semantische Netze - allgemeine Strukturen, die zur Repräsentation bestimmter Wissenstypen besonders geeignet sind. Frame-basierte Systeme unterscheiden sich von anderen Repräsentationssystemen sowohl bezüglich des dargestellten Inhalts als auch bezüglich der Notationsform und der Inferenzprozesse, die über Frame-Strukturen ablaufen können. Bisher wurden verschiedene Frame-Sprachen entwickelt und zugehörige Verarbeitungssysteme implementiert, z.B. KRL /38/ oder FRL /39/.
Während Frames verallgemeinertes Wissen über Fakten beschreiben, sind "scrips" ähnlich Strukturen zur Repräsentation stereotyper Ereignisfolgen. Sie wurden von Schank und Abelson entwickelt /40/ (siehe auch Diskussion in /41/). Auch ein Script besteht aus einer Menge von Slots, mit denen die Information verknüpft ist, von welcher Art die Filler sein können oder wie diese zu ermitteln sind. Im Unterschied zu Frames können solche Komponenten wie Anfangsbedingungen, Ergebnisse von Vorgängen, mit Vorgängen verknüpfte Objekte, die Rollen, die Personen in diesen Vorgängen oder Handlungen spielen, oder die zeitliche Abfolge von Teilhandlungen (z.B. Restaurantbesuch, Ablauf einer Diskussion) beschrieben werden. Scripts gehören wie semantische Netze oder Frames zu den deklarativen Sprachen für eine Wissensrepräsentation. (Weitere Ausführungen siehe auch /42/).
Mit KI-Programmiersprachen und Wissensrepräsentationssprachen, deren Entwicklung keineswegs abgeschlossen ist, stehen bereits wirkungsvolle Mittel zur Simulation intelligenten Verhaltens durch den Computer zur Verfügung. Nun ergibt sich im Zusammenhang mit Sprachen und Rechnern die Frage, ob nicht die natürliche Sprache(nS) direkt als Kommunikationsmittel zwischen Mensch und EDVA benutzt werden kann. In der Tat bilden die Arbeiten zur automatischen Verarbeitung der natürlichen Sprachen, zur Modellierung des Sprachverstehens und -erzeugens mit Rechnern den ältesten Zweig der Künstlichen Intelligenz, der auch als "Computerlinguistik" bezeichnet wird. Es ist hier nicht möglich, die Anfänge, die Entwicklung und den erreichten Stand der Computerlinguistik im Detail darzustellen. (Einführende Arbeiten vgl. /43/).
Motiviert sind diese Forschungen u.a. dadurch, daß einmal die meisten Informationen, über die die Menschheit verfügt und die ausgetauscht werden, in natürlicher Sprache vorliegen und dem Computer unmittelbar zugängig gemacht werden sollten. Zum anderen be-

herrscht der Mensch (nach der Phase der Spracherlernung) seine Muttersprache sicher und kann sie jederzeit ohne Vorbereitung verwenden. Der Mensch-Maschine-Dialog sollte deshalb auf diesem Sprachniveau erfolgen können. Und schließlich besitzt die natürliche Sprache die größte Ausdruckskraft aller Sprachen. Der Mensch kann Denkinhalte auf beliebig hoher Stufe verbalisieren und damit sowohl sein Wissen über Individuen, Begriffe, Beziehungen, Operationen, Prozesse usw. realisieren als auch metasprachliche Aussagen - Aussagen über Aussagen - formulieren.
Der Gebrauch der natürlichen Sprache ist untrennbar mit dem Denken und der menschlichen Intelligenz verbunden. Bei der Simulation des Sprachverstehens und der -erzeugung auf dem Rechner sind - wenigstens - folgende Komponenten vorzusehen:

Sprachbeherrschung

- Verarbeitungssystem
  - grammatisches Wissen i.w.S.
    - akustisch-phonologische Komponente
    - morphologisch-syntaktische Komponente
    - semantische Komponente
  - inferentielles Wissen; logische Schlußweisen
- Wissenssystem
  - allgemeines Wissen über die Welt; Beziehungen zwischen Sprachelementen und Außenwelt (Referenz)
  - Kenntnisse über Zweck und Wirkung von Äußerungen (Pragmatik)

Für all diese Komponenten wurden bisher verschiedenste Lösungen erarbeitet und implementiert. Es gibt aber zur Zeit nur wenige Systeme, in denen eine vollständige Integration angestrebt wird. Die Arbeiten befinden sich gegenwärtig noch zu einem großen Teil im Forschungsstadium, aber praktische Anwendungen in größerem Umfang werden für die 90er Jahre erwartet.
Die morphologischen (d.h. Wortbildungs-)Regeln von Sprachen sind bekannt, die Rückführung flektierter Wortformen auf das Grundwort ("Lemmatisierung", z.B. "gegangen" "gehen", Partizip II) ist in vielen Fällen eindeutig möglich. Probleme entstehen z.B. dort, wo auf der Ebene der Einzelwörter die Lemmatisierung nicht zweifelsfrei möglich ist (z.B. "sie bahnen ..."/ "die Bahnen ...").

Durch die nachfolgende syntaktische und semantische Analyse kann später die Entscheidung eindeutig gemacht werden.
Die Syntax gehört mit zu den am besten erforschten Teilgebieten natürlicher Sprachen. In der Computerlinguistik wurden Sprachen entwickelt, Syntaxregeln formal zu notieren und dem Rechner mitzuteilen. Probleme, an denen noch gearbeitet wird, sind z.B. (regelhafte) Auslassungen in der Kommunikation ("Welcher Betrieb?", "Gestern?"), weil sie nicht der syntaktischen Grundeinheit, dem (vollständigen) Satz entsprechen, oder die Koordination ("Peter und Paul tragen (zusammen) ein Klavier"/"Peter und Paul tragen (jeder für sich) eine Tasche"). Hier muß die semantische Analyse weitere Entscheidungsmittel liefern.
Die semantische Analyse bildet das Ergebnis der Syntax-Analyse in eine interne Repräsentation ab, also z.B. in logische Formeln, semantische Netze oder Frames. In dieser Repräsentation muß sich die (durchaus nicht immer einhellige) Auffassung menchlicher Sprecher/Hörer darüber widerspiegeln, was eine bestimmte Äußerung bedeutet. In der Repräsentationssprache müssen Bedeutungsunterschiede hinreichend genau abbildbar sein, d.h. Sätze mit verschiedener Bedeutung ("... arbeitet manchmal ..."/ "...arbeitet immer ...") müssen eine unterschiedliche Repräsentation finden. Umgekehrt müssen intentional gleichbedeutende Sätze ("... ist schwer ..."/"... hat ein großes Gewicht...") die gleiche Repräsentation erhalten. Dabei hängt die "Genauigkeit" einer semantischen Repräsentation vom konkreten Zweck der automatischen Verarbeitung ab und davon, was der Inferenzmechanismus leistet und in welcher Weise er diese Repräsentation nutzt.
Auf dem Gebiet der semantischen Analyse, Interpretation und Repräsentation gibt es - erwartungsgemäß - eine Vielzahl noch nicht verbindlich gelöster Probleme, z.B. die Beziehungen zwischen unscharfen Begriffen ("junger Mann"/"32 Jahre alter Mann"), das Verhältnis von Sprechereinstellung und Faktizität von Aussagen ("A glaubt, daß B will, daß C eintritt"), die impliziten Voraussetzungen für negierte Sätze oder Fragen ("Peter hat Maria keine Uhr geschenkt", "Seit wann wollen Sie keinen Spargel mehr?"), die Wirkung von Modalisierungen ("möglicherweise", "könnte") usw.
Der pragmatische Aspekt der nS ist in neuerer Zeit Gegenstand intensiver Untersuchungen geworden, zumal eben oft nur durch das Zusammenwirken von Grammatik, Wissen über die Welt und Pragmatik ein

Satz oder Text eindeutig verstanden werden kann. So versucht man z.B., bestimmte, abgrenzbare Sachgebiete und situative Kontexte zu definieren, in denen Wörter mit mehr als einer Bedeutung ("Homonyme", z.B. "Bremse" als Insekt oder Hemmvorrichtung) nur genau eine Bedeutung haben, oder es werden im Rechner Modelle über das Wissen und die Absichten des Dialogpartners aufgebaut und entsprechend des Dialogablaufs ständig aktualisiert /44/ usw.
Auch für die Inferenzkomponente liegen wichtige, anwendbare Grundmechanismen vor. Die Erweiterung der klassischen Logikkalküle wird in Richtung auf Schlußregeln angestrebt, bei denen die Konklusio nicht zwangsläufig, sondern nur mit einer gewissen Wahrscheinlichkeit aus der Prämisse folgt oder zu Logiksystemen, in denen Fakten nachträglich - auf Grund besseren Wissens - geändert werden und damit bestimmte, inzwischen abgeleitete Informationen keine axiomatische Basis mehr hat ("nichtmonotones Schließen") oder zu Kalkülen, deren Schlußregeln mehr dem zweckgerichteten, keineswegs immer streng prädikatenlogischen Schließen des Menschen angepaßt sind ("commonsense reasoning") usw.
Die meisten der heutigen Computersysteme haben noch keine Sensoren, um Signale aus der Außenwelt direkt aufzunehmen. Da andererseits gewisse Sprachelemente ("du", "hier", "jetzt") Bezug auf die (außersprachliche) Situation nehmen, arbeiten KI-Systeme im allgemeinen mit einem vollständigen, internen Modell des betreffenden Weltausschnittes. Damit können solche "Verweis-Wörter" korrekt interpretiert werden.
Für viele Einsatzzwecke des Computers wäre eine Kommunikation mittels gesprochener Sprache wünschenswert. So stehen bereits sog. "Einzelworterkenner" zur Verfügung, die eine begrenzte Anzahl isoliert gesprochener Wörter wiedererkennen. Ebenso gibt es Sprachausgabegeräte, die fließend gesprochene Sprache (in unterschiedlicher Qualität) realisieren. Für die ungleich schwierigere Erkennung und Analyse fließend gesprochener Sprache gibt es zwar großzügig angelegte, kostspielige Forschungsprojekte /45/, aber bislang noch keine bezüglich der Kosten und Verarbeitungsgeschwindigkeit akzeptablen Ergebnisse. Das hängt damit zusammen, daß allein die Segmentierung des akustischen Signals in Wörter und Sätze nur in einem komplexen System durch das Zusammenwirken von phonetischer, syntaktischer, semantischer und pragmatischer Komponente möglich ist. Andererseits gibt es - z.B. auch in Japan - große Bemühungen,

die Kommunikation in gesprochener Sprache in den nächsten Jahren zu ermöglichen (z.B. Datenbankabfrage per Telefon oder Übersetzungseinrichtungen im Telefonnetz).
Eingesetzt werden Systeme bzw. Systemkomponenten zur automatischen Verarbeitung der nS als komfortable Zugangssysteme ("interface") für Datenbank- oder Expertensysteme /46/, als Frage-Antwort-Systeme zur Beratung, Auskunft o.ä. /47/, für die automatische Übersetzung von Texten /48/, zur automatischen Herstellung von Textkurzfassungen, zur Prozeßsteuerung durch gesprochene Kommandos usw. Die Entwicklung von der Maschinensprache über höhere Programmiersprachen, KI-Sprachen bis zur Verarbeitung der nS durch Computer stellt aus dem Blickwinkel Sprache/Intelligenzzuwachs der EDVA einen kontinuierlichen Prozeß dar, dessen Abschluß noch längst nicht erreicht ist. Bereitgestellt werden durch Sprachen und Sprachverarbeitungssysteme solche Konzepte, Methoden und Algorithmen, die immer komplexeren Komponenten intelligenten Verhaltens entsprechen, wodurch der Benutzer dieser Sprachen immer mehr vom Nachdenken über Elementarprozesse und deren detaillierte algorithmische Behandlung entlastet wird und sich mehr und mehr auf dem ihm gewohnten Niveau des Denkens und der Sprachbenutzung bewegen kann. Der Computer wird so durch die schrittweise wachsende Intellektualisierung immer stärker zum leistungsfähigen "Partner" des Menschen beim interaktiven Finden, Formulieren und Lösen von Problemen.

Literatur:

/1/ Neumann, J. v.: The EDVAG report. In: Goldstein, H. (ed.), "Computers from PASCAL to von Neumann", Princeton 1972, chapter 7

/2/ Wilkes, M. V.; Wheeler, D.J.; Gill, S.: Preparation of programms für a digital computer, New York 1951.

/3/ Mc Illroy, M. D.: Macro instruction extensions to compiler languages. In "Communications of the ACM", April 1960.

/4/ "FORTRAN vs. basic FORTRAN", in "Communications of the ACM", October 1964

/5/ Naur, P.: Report on the algorithmic language ALGOL 60. In "Communications of the ACM", May 1960.
--: Revised report on the algorithmic language ALGOL 60. In "Communications of the ACM", January 1963.

/6/ "COBOL 1961: Revised specification for a common business oriented programming language", U. S. Govt. Printing office, 1961.

/7/ Yngve, V.: COMIT as a IR language. In "Communications of the ACM", January 1962.

/8/ Griswold, R.; Poage, J.; Polonsky, I.: The SNOBOL 4 programming language. Prentice-Hall, Englewood Cliffs 1971.

/9/ Shannon, C. E.; Weaver, W.: The mathematical theory of communications. Urbana 1962.

/10/ Chomsky, N.; Miller, G. A.: Introduction to the formal analysis of natural languages. In "Handbook of mathematical psychology", vol. II, New York 1963.

/11/ Mc Keeman, W. M.; Horning, J. H.; Wortman, D. B.: A compiler generator. Englewood Cliffs 1970.

/12/ Wirth, N.: The programming language PASCAL. In "Acta Informatica", 1971.

/13/ Wirth, N.: MODULA: A language for modular multiprogramming. ETH, Institute for Informatics, März 1976.

/14/ "Sprachen der vierten Generation". In "systems-online", Sonderheft 3/1985, S. 26 ff.

/15/ Wegner, P.: Programming languages - theo first 25 years. In "IEEE Trans. on Computers", vol. C-25, Wo. 12, Dec. 1976, S. 1207 ff.

/16/ Barr, A.; Feigenbaum, E. A.: The handbook of Artificial Intelligence, vol. I, chapter III., Los Altos 1982.

/17/ Bobrow, D. G.; Raphael, B.: New programming languages för Artificial Intelligence research. In "Computing Surveys", vol. 6, no. 3, Sept. 1974., S. 153 ff.

/18/ Stoyan, H.: LISP - Anwendungsgebiete, Grundbegriffe, Geschichte. Berlin 1980.

/19/ Newell, A. (ed.): IPL-V manual. Englewood Cliffs 1961.

/20/ Feigenbaum, E. A.; Feldman, J. (ed.): Computers and thought. New York 1963.

/21/ Mc Carthy, J. et. al.: LISP 1 programmers manual. A I Group, Computing Center, MIT, Cambridge 1960.

/22/ --: LISP 1.5 programmers manual. Cambridge 1965.

/23/ Sussman, G. J.; Holloway, J.; Steel, G. L.; Bell, A.: Schema - 79 - LISP on a chip. In "Computer", July 1981, S 10 ff.
Myers, W.: LISP machines displayed at AI conference. In "Computer", 11 /1982 ,S. 79 ff.

/24/ Reiser, J. (ed.): SAIL. Memo AIM No. 28 Stanford University 1976.

/25/ Hewitt, C.: Procedural embedding of knowledge in PLANNER. In "Proc. of the 2 th IYCAL", London 1971, S. 300 ff.

/26/ Mc Dermott, D.; Sussman, G. J.: The CONNIVER reference manual. AI memo no. 259, MIT, Cambridge 1972
Sussman, G. J.; Mc Dermott, D.: From Planner to CONNIVER - a genetic approach. In "Proc. of Fall Joint Computer Conference", 1972, S. 1171 ff.

/27/ Davies, D.: POPLER 1.5 reference manual. TPU Report No. 1, Univ. of Edinburgh 1973.

/28/ Rulifson, J. F.; Derksen, J. A.; Waldinger, R. F.: QA4 working paper. Report No 42, SRI, Menlo Park 1970.

/29/ "QLISP manual", Techn. note 81, SRI, Menlo Park 1973.

/30/ Colmerauer, A.: Metamorphosis grammar. In: Bolg, L. (ed.), "Natural language communication with computers", Berlin 1978.

/31/ Warren, D. H. D.; Pereira, L. M.; Pereira, F.: PROLOG- the manguage and its implementations compared with LISP. In "ACM Symposium on Artificial Intelligence and Programming Languages", 8/1977.
Clocksin, W. F.; Mellish, C. S.: Programming in PROLOG. Berlin 1981.
Colmerauer, A.: PROLOG II reference manual and theoretical model. Report, Groupe de IA, Univ. Marseille 1982

/32/ Robinson, J. A.: A machine oriented logic based on the resoltion principle. In "Journal of the ACM", vol. 12 /1965/ no. 1, S. 40 ff.

/33/ Boley, H.; Kammermeier, F. u.a.: LISPLOG: Momentaufnahmen einer LISP/PROLOG-Vereinheitlichung. Memo SEKI-85-03, Univ. Kaiserslautern 1985.

/34/ Quillian, M. R.: Semantic memory. In: Minsky, M. (ed.), "Semantic Information Processing", Cambridge 1968, S. 227 ff.
Anderson, J.; Bower, G.: Human associative memory. Washington 1973.
Norman, D. A.; Rumelhart, D. E. et. al.: Explorations in cognition. San Francisco 1975.

/35/ Post, E.: Formal reductions of the general combinatorial problem. In "American Journal of Mathematics", vol. 65 /1943 , S. 197 ff.

/36/ Davis, R.; King, J.: An overview of production systems. In: Elcock, E. W.; Michle, D. (eds.), "Machine Intelligence", vol. 8, New York 1977.

/37/ Minsky, M.: A frame work for representing knowledge. In: Winston, P. H. (ed.), "The Psychology of Computer Vision", New York 1975, S. 211 ff.

/38/ Bobrow, D.; Winograd, T.: An overview of KRL, a knowledge representation language. In "Cognitive Science", 1/1977, S. 3 ff.

/39/ Roberts, R. B.; Goldstein, I. P.: The FRL promes. Memo 408, MIT, Cambridge 1977.

/40/ Schank, R. C.; Abelson, R. P.: Scripts, goals, and understanding, Hillsdale 1971.

/41/ Kuipers, B. J.: A frame for frames. In: Bobrow, D. C.; Collins, A. (ed.), "Representation and Understanding", New York 1975, S. 35 ff.

/42/ Barr, A.; Feigenbaum, E. A.: The handbook of Artificial Intelligence, vol. I, chapter III. London 1983

/43/ Bolc, L. (ed.): Natural language based computer systems. Berlin 1980.
--: Representation and progressing of natural language. Berlin 1980.
--: Natural language question answering systems. München 1980.
Popov, E. W.: Obschtschenoje s EVM na estestvennovom jazyke. Moskau 1982.
Wahlster, W.: Natürlichsprachige Systeme. Eine Einführung in die sprachorientierte KI-Forschung. Bericht GEN-10, Univ. Hamburg 1982.
Lehnert, W.; Ringle, M (ed.): Strategies for natural language progressing. New Jersey 1982.
Winograd, T.: Language as a cognitive procress. Vol. I: Syntax. Reading 1983.

/44/ Cohen, P. R.: On knowing what to say: planning speech acts. Report, Dept. of Computer Science, Univ. of Toronto 1978.

/45/ Lesser, V.; Fennell, R.; Erman, L.; Reddy, D. R.: Organitation of the HEARSAY-II speech understanding system. In "IEEE Trans,on Acoustics, Speech,and Signal Processing", ASSP-23: 11-23. 1975
Brietzmann, A.: Semantische und pragmatische Analyse im Erlanger Spracherkennungsprojekt. Arbeitsberichte, Bd. 17, No. 5, Universität Erlangen 1984.

/46/ Helbig, H. u.a.: NLI-AIDOS, ein natürlichsprachiges Interface für das Informationsrecherchesystem AIDOS/VS. in "Tagungsberichte INFO 84", Bd. 4, Dresden 1984, S. 28 ff.

/47/ Helbig, H. u.a.: FAS-80 - ein natürlichsprachiges Auskunftssystem. WIB No. 18, VEB Robotron ZFT, Dresden 1983.

/48/ Slocum, J.: A surrey of machine translation: Its history, current status, and future prospects. in "Computational Linguistics", vol. 11 /1985/, No. 1, S. 1 ff.

II.3. Die Sensor- und Meßtechnik unter dem Einfluß der Künstlichen Intelligenz

Vom Menschen zum Zwecke der effektiveren kognitiven und praktischen Aneignung der Wirklichkeit geschaffene und eingesetzte Systeme künstlicher Intelligenz bedürfen als technische Denkzeuge jeweils bestimmter Eingangsdaten zur Auswertung bzw. Verarbeitung. Dabei handelt es sich vielfach um quantitativ-numerische Abbilder objektiver Sachverhalte, die z.B. zum Zwecke der Gewinnung und Überprüfung wissenschaftlicher Erkenntnisse oder zur Produktionsüberwachung und -regulierung zu verarbeiten sind.
Angesichts der objektiven Dialektik von Qualität und Quantität alles Existierenden bedingen sich das Erfassen und praktische Beherrschen qualitativer u n d qunatitativer Beschaffenheiten der Gegenstände wissenschaftlicher Widerspiegelung, gedanklicher Antizipation und praktischer einschließlich technischer Veränderung wechselseitig. Das Abbilden quantitativer Ausprägungen objektiver Eigenschaften oder Relationen wird in der natur- und technikwissenschaftlichen Arbeit wie in der materiellen Produktion vorwiegend mittels technischer Meßverfahren realisiert. Dabei zielt das Messen keineswegs auf die Erfassung quantitativer Ausprägungen an sich, sondern immer auf qualitativ bestimmte Quantitäten, eben auf objektiv reale Beschaffenheiten (Eigenschaften oder Relationen). Da sich Qualität und Quantität hinsichtlich ihrer Existenz und Veränderung gegenseitig bedingen und voneinander abhängen, sind Messungen für die Erkenntnis des qualitativen Wesens von Erkenntnisobjekten ebenso unerläßlich wie für effektive Qualitätsproduktion.
Wenn es allgemein die Funktion technischer Meßverfahren ist, Ausprägungen objektiver Eigenschaften bzw. Relationen (Meßgrößen) quantitativ-numerisch in bezug auf eine jeweils als Vergleichsgröße dienende Maßeinheit abzubilden, dann ist dieses Messen aber niemals Selbstzweck. In den Natur- und Technikwissenschaften sowie in der materiellen Produktion ist es u.a. notwendiges Mittel zum Zwecke der

- Gewinnung oder Überprüfung rationaler Abbilder (vor allem Gesetzesaussagen, Hypothesen) der Wirklichkeit;
- Anpassung, exakten Bestimmung des Geltungsbereiches, Prüfung technischer Realisierungsmöglichkeiten von rationalen Abbildern, Modellen, technischen Entwürfen bzw. Strategien;

- Kontrolle und Überwachung der Einhaltung bzw. Veränderung technischer Prozeßparameter, von Größen an Zwischen- und Endprodukten technischer Prozesse;
- Steuerung und Regelung solcher Prozesse.

Folgerichtig bedingen die objektiven Tendenzen der theoretischen Vertiefung, der immer stärkeren Mathematisierung der Wissenschaften und der fortschreitenden Automatisierung technischer Prozesse ständig steigende Anforderungen an das Messen. Sie reichen von der wachsenden Vielfalt meßtechnisch zu erfassender Größen über höhere Genauigkeitsforderungen bis hin zur verstärkten unmittelbaren Kopplung der Meßtechnik mit der Informationsverarbeitungs- und Automatisierungstechnik sowie der Automatisierung der Meßvorgänge selbst. Ihnen zu entsprechen, ist für die Erweiterung und Vertiefung theoretischen Wissens und seine technische Verwertbarkeit unabdingbar. Ebenso notwendig ist das für die Sicherung einer hohen Effektivität und Qualität in der materiellen Produktion, für die Senkung von Rohstoff-, Energie- und Materialaufwand sowie von Ausschuß und Nacharbeit. Das ist aber auch erforderlich für die Austauschbarkeit von Bauteilen und Baugruppen, für die Automatisierung von Fertigungs-, Montage-, Verarbeitungs- und Verfahrensprozessen sowie für den Arbeits-, Haverie- und Umweltschutz.
Insofern ist die Meßtechnik ein wichtiger Faktor der Intensivierung der wissenschaftlich-technischen Arbeit und materiellen Produktion und steht mit vielfältigen Voraussetzungen, Zielen und Resultaten der ökonomischen Strategie der SED in enger Wechselbeziehung. Folgerichtig enthält auch das "Komplexprogramm des wissenschaftlich-technischen Fortschritts der Mitgliedsländer des RGW bis zum Jahre 2000" weitreichende Aufgaben zur Weiterentwicklung der Meß- und Sensortechnik. So wird z. B. mit den Orientierungen zur Elektronisierung der Volkswirtschaft u.a. auch die Aufgabe gestellt, "eine breite Palette verschiedenartiger Geräte, Sensoren, Kontroll- und Meßgeräte auf der Basis der Mikroelektronik ..., wodurch die Effektivität der Produktion sowie die Zuverlässigkeit und Qualität der Erzeugnisse erhöht werden können"/1/, zu schaffen.
Aus der angedeuteten Vielfalt der Meßzwecke ergibt sich, daß diese mit der Realisierung der allgemeinen Übergangsfunktion technischer Meßverfahren, d.h. mit der Meßgrößenabbildung bzw. Meßwertgewinnung, in der Regel noch nicht erfüllt sind. Um z.B. Gesetzesaus-

sagen oder Hypothesen über funktionale Abhängigkeiten meßbarer Größen gewinnen oder überprüfen zu können, damit technische Realisierungsmöglichkeiten von Modellen und Entwürfen sowie ihre Effektivität beurteilt und technische Prozeßparameter gesteuert und geregelt werden können, bedürfen die ermittelten Meßgrößenabbilder der gedanklichen oder auch rechentechnischen Aufbereitung, Auswertung und Verarbeitung.

Das Wesentliche am Messen ist das quantitativ-numerische Abbilden realer Sachverhalte. Zur Realisierung der damit verfolgten Zwecke werden diese Meßgrößenabbilder ihrerseits aber als Eingangsgrößen für entsprechende Auswertungs- bzw. Verarbeitungsverfahren benötigt und müssen als solche in geeigneter Weise bereitsgestellt werden. Die Anforderungen an die Meßverfahren, vor allem auch an die Art und Weise der Meßwertausgabe, ergeben sich folglich auch aus den Erfordernissen ihrer Kopplung an entsprechende Meßdatenverarbeitungssysteme. Und das um so mehr, als es sich hierbei zunehmend um Systeme künstlicher Intelligenz handelt.

Die Meßwertgewinnung erfolgt immer durch ein mehr oder weniger kompliziertes Verfahren der Transformation einer objektiven Größe in ein quantitativ-numerisches Abbild derselben. Das schließt jeweils eine Reihe "planmäßig" geordneter bzw. miteinander verbundener Operationen ein, wie Meßsignalgewinnung, -wandlung, -verstärkung, -anzeige, -registrierung u.ä. Sie werden mit Hilfe eines geeigneten Meßprinzips und dazu erforderlicher Meßmittel unter bewußter Ausnutzung objektiver Gesetze realisiert. "Die Meßgröße ruft am Meßfühler ein Signal hervor, dessen Informationsparameter die Abbildungsgröße des Meßsignals ist. Diese erste, 'natürliche' Abbildungsgröße wird im Verlauf ihres Weges durch das Meßsystem in eine für den Menschen erkennbare, übertragbare, speicherbare oder technisch verarbeitbare, gegebenenfalls auch einem Regler oder Rechner zuführbare andere Abbildungsgröße umgewandelt" /2/. Da es zwischen Struktur und Funktion der Meßverfahren keine wechselseitig eindeutige Abhängigkeit gibt, wesensgleiche Größen z.B. mit verschiedenartigen Meßverfahren und umgekehrt zu messen sind, ist der konkrete Einsatz meßtechnischer Mittel und Verfahren letztlich immer mit Auswahl- bzw. Entwicklungsproblemen verbunden. Unter Beachtung wissenschaftlich-technischer, ökonomischer, aber auch sozialer Erfordernisse (erforderliche Meßgenauigkeit, Meßgrößenempfindlichkeit, Meßfrequenz, Art der Meßwertausgabe und -verarbeitung,

Wirtschaftlichkeit der Anwendung, Entlastung des Menschen usw.) ist möglichst das für die Lösung eines Meßproblems jeweils optimale Verfahren zu ermitteln bzw. zu entwickeln.
Spezifischen und neuen Anforderungen sieht sich dabei die Meßtechnik heute vor allem im Zusammenhang mit der fortschreitenden Automatisierung der Produktion und der Produktionsvorbereitung gegenüber. Sie basiert auf revolutionierenden Weiterentwicklungen von Technik und Technologie durch die Mikroelektronik, Robotertechnik, moderne Rechentechnik usw. und deren immer engere Verzahnung in zunehmend komplexen und komplizierten technischen Systemen. Wachsende Komplexität und Kompliziertheit der Technik aber ist gleichbedeutend mit der Zunahme funktionswesentlicher, einander beeinflussender und voneinander abhängender Prozeßparameter sowie der Notwendigkeit ihrer kontinuierlichen Überwachung, Steuerung oder auch adaptiven Regelung. Dazu sind ihre jeweiligen Istwerte durch Messungen zu ermitteln, d.h. die Automatisierung eines technischen Prozesses schließt immer auch die hinreichend genaue, meßtechnisch zu sichernde Kenntnis über seinen momentanen Zustand ein. Durch geeignete Sensoren (Meßgrößenaufnehmer) sind entsprechende Signale (binär, analog oder digital) bereitzustellen, über deren Verarbeitung gezielt mittels Effektoren auf den Prozeßablauf Einfluß genommen werden kann. Insofern braucht der automatisierte Prozeß die Meß- und Sensortechnik in jeder Prozeßstufe, erfordert automatisierte Produktion unbedingt moderne Meßtechnik, besteht zwischen beiden ein gesetzmäßiger funktioneller und Entwicklungszusammenhang.
Zwangsläufig ist die fortschreitende Automatisierung mit erhöhten Ansprüchen an das Messen und den Rechnereinsatz zur Meßdatenverarbeitung sowie deren immer engere Verzahnung verbunden. Besonders augenscheinlich ist das heute z.B. im Zusammenhang mit der durch die metallverarbeitende Industrie zu lösenden Aufgabe des verstärkten Übergangs zur flexiblen Automatisierung. Damit verbunden sind zunehmend höhere Anforderungen an die Prozeßsteuerung und adaptive Regelung funktionswesentlicher Parameter. Die Maschinenüberwachung und Diagnose, die Kontrolle des Verschleißes der Werkzeuge, die prozeßgekoppelte Werkstückprüfung, die Sicherung einer stabilen Qualität und Zuverlässigkeit der Erzeugnisse und Prozesse und anderes mehr machen den hohen Anspruch an das Messen deutlich.

Im Kern heißt das für die Meßtechnik, daß "neue prozeßgekoppelte, hoch automatisierte und flexible Prüfmittel ... entwickelt und in den Fertigungsprozeß allseitig integriert werden (müssen)" /3/. Als Grundlage der Prozeßsteuerung bzw. -regelung verschmilzt also in zunehmendem Maße die meßtechnische Überwachung und Kontrolle regelrecht mit dem Fertigungsprozeß. Dabei gewinnen mit der Notwendigkeit des Messens im laufenden Prozeß (on line) und der kontinuierlichen Meßdatenbereitstellung dynamische Messungen gegenüber statischen immer größere Bedeutung. Die Meßzwecke wiederum (Steuern, Regeln usw.) erfordern ein günstiges dynamisches Verhalten bzw. eine möglichst geringe Tätigkeit der Meßeinrichtungen, müssen doch die Meßdatenerfassung und -verarbeitung mit einem minimalen Zeitaufwand realisiert werden. Die besonders mit dem zunehmenden Einsatz von Industrierobotern bei der Lösung von Automatisierungsaufgaben sich ständig erhöhenden Anforderungen an die Sensoren in Richtung hoher Meßgrößenempfindlichkeit, Meßgeschwindigkeit, minimaler Abmessungen, Anpaßbarkeit an unterschiedliche Meßbereiche und Rechentechnik usw. sind ein augenscheinlicher Ausdruck dieser Entwicklung. Deutlich wird aber auch, daß die Sensoren als Meßgrößenaufnehmer bzw. Meßwandler bei der Realisierung höherer Automatisierungsstufen eine Schlüsselstellung einnehmen. In der Fertigungstechnik z.B. hängt in vielen Fällen die Steigerung des Automatisierungsgrades in entscheidendem Maße von einem Technologiesprung auf dem Gebiet der Sensortechnik ab.
Die fortschreitende Automatisierung verlangt im Zusammenhang mit der verstärkten Integration der Meßtechnik in die Produktionstechnik und -technologie sowie ihrer engen Verbindung mit der Steuer- und Regelungstechnik aber auch in zunehmendem Maße die unmittelbare Kopplung von Meßdatengewinnung und -verarbeitung sowie deren eigene Automatisierung. "Der Übergang zu einer neuen, hochgradig automatisierten Meßgerätegeneration, integriert in den rechnergesteuerten Fertigungsprozeß bei Wahrung hoher Flexibilität, erfordert neben neuen konstruktiven Lösungen ... einen wachsenden Umfang an Software, ohne die ein modernes Meßgerät mit integriertem Mikroprozessor oder mit Anschluß an einen nachgeordneten Rechner einfach nicht mehr funktions- und integrationsfähig ist" /4/.
Meß- und Rechentechnik rücken bei der Bewältigung von Automatisierungsproblemen also nicht nur schlechthin immer enger zusammen, sondern mit der Entwicklung der Mikrorechentechnik wird auch eine

ganz neue Qualität ihrer Verbindung erforderlich und möglich. Anfänglich hatten Meßgeräte im Zusammenhang mit der Automatisierung technischer Prozesse vor allem Eingangsdaten für die Verarbeitung und Auswertung durch geeignete Rechnersysteme bereitzustellen. Diese zunächst recht voluminösen und kostenaufwendigen elektronischen Rechenanlagen, zu meist für sehr komplexe Aufgaben in Wissenschaft, Produktion, im kommerziellen Bereich usw. eingesetzt, beeinflußten die Entwicklung der Meß- und Sensortechnik vor allem insofern, als sie EDV-gerechte bzw. vom Rechner verarbeitbare Meßsignale, also "maschinenlesbare" und speicherfähige Meßdatenausgänge verlangten. Als auf der Grundlage der Integration tausender Bauelemente auf einem Halbleiterchip Mikrorechner mit dem Mikroprozessor als Zentraleinheit möglich wurden, was die Funktionseinheiten eines Computers in wenigen integrierten Bausteinen unterzubringen erlaubte, eröffneten sich wiederum ganz neue Möglichkeiten der wirksamen Verbindung der Meß- und Sensortechnik mit der Rechentechnik. Die Meßdatenverarbeitung bzw. -auswertung wird nun in zunehmendem Maße in die Meß- bzw. Sensorsysteme selbst integriert. Fest programmierte oder auch frei programmierbare Mikrorechner werden zum festen Bestandteil der Meßgeräte bzw. Sensoren. Das aber ist eine mit der Ausbreitung der flexiblen automatisierten Produktion notwendig einhergehende und sie letztlich auch erst ermöglichende Entwicklung.
So erfordert die Lösung der zunehmend anspruchsvolleren Sensorprobleme in immer stärkerem Maße, daß das Ermitteln, Verarbeiten und Auswerten von Meßwerten bis hin zu den erforderlichen Entscheidungen unmittelbar "vor Ort" geschieht. Dazu muß mit der Mikroelektronik bis in die Sensoren eingedrungen, müssen Mikrorechner zum integrierten Bestandteil von Meßgeräten bzw. Sensoren werden. Die tendenziell steigende Forderung nach hoher Flexibilität verlangt dabei in wachsendem Maße den Einsatz von frei programmierbaren Rechnern, von Mikroprozessoren mit dem Vorzug der Änderungsmöglichkeit von Programm- und Funktionsfolgen. "Ein Mikroprozessorensystem ist ... in hohem Maße für den Einsatz in einem Sensor geeignet. Es vereint die Durchführbarkeit der notwendigen Entscheidungs- und Verarbeitungsprozesse mit der für Sensoren wichtigen Bedingung der Flexibilität" /5/.

Stand also für die Meß- und Sensortechnik in ihren Beziehungen zu Systemen künstlicher Intelligenz zunächst die Gewinnung von Wissen, von Eingangsdaten für solche Systeme im Mittelpunkt, so ist besonders im Zusammenhang mit der fortschreitenden Automatisierung, mit der Entwicklung der Mikrorechnertechnik und ihrem Einzug in die Meßtechnik längst auch der Übergang zu intelligenten Meßsystemen selbst vollzogen worden. Wenn wir darunter mit intelligentem Auswertungssystemen versehene technische Meßmittel verstehen, so steht deren Entwicklung freilich erst am Anfang. Allein aus der ständigen Erhöhung des Integrationsgrades mikroelektronischer Schaltkreise (Anzahl von Bauelementen auf 1 Chip) und ihres Komplexitätsgrades (Anzahl unterschiedlicher Bauelemente auf 1 Chip) ergeben sich immer weitergehende Möglichkeiten, die für Meß- bzw. Sensorsysteme jeweils erforderliche Intelligenz resp. Flexibilität zu realisieren. Zweifellos werden die revolutionierenden Entwicklungen auf dem Gebiet der Mikroprozessoren auch die Möglichkeiten der Sensorsysteme noch erheblich erweitern /6/.
Damit erfahren unter dem Einfluß der Automatisierung und der künstlichen Intelligenz die Aufgaben, Funktion und Struktur der Meßtechnik nicht nur quantitative Erweiterungen, sondern unterliegen offensichtlich auch qualitativen Veränderungen. So bleibt die weiter vorn beschriebene Abbildungsfunktion zwar eine jeglichen technischen Meßverfahren gemeinsame, wird aber bei einer Integration der intelligenten Meßdatenverarbeitung bzw. -auswertung in das Meßsystem selbst zu einer Teilfunktion desselben. Die vielfach gar nicht mehr angezeigten oder registrierten Abbildungsgrößen bzw. Meßwerte werden unmittelbar im technischen Meßsystem dem jeweiligen Meßzweck gemäß ausgewertet bzw. verarbeitet. Auf diesem Wege wird u.a. die bedienerlose Steuerung von Be- und Verarbeitungsmaschinen möglich. Anders sind auch die mit der fortschreitenden Automatisierung und Entwicklung der Industrierobotertechnik zunehmend komplexen Erkennungsaufgaben technischer Sensoren, die menschliche sensorische Fähigkeiten wie das Sehen, Fühlen, Hören usw. zu ersetzen, aber auch zu übertreffen, zu ergänzen und zu erweitern haben, gar nicht lösbar. "Meßsysteme für Aufgaben ..., die sich unter dem Oberbegriff Mustererkennung zusammenfassen lassen, bedingen eine gewisse Intelligenz: außer der Ermittlung von Meßwerten sind zusätzliche Entscheidungen zu treffen" /7/. Das gilt z.B. für Sensoren, mittels derer die Erfassung des "Bildes" von Werk-

stücken, das Ordnen oder Greifen derselben gesichert werden, ebenso für solche, die im Interesse der Qualitätssicherung Geräusche (z.B. von Motoren) auszuwerten oder bei automatischen Fügen und Montieren den menschlichen Tastsinn zu ersetzen haben.
In diesem Zusammenhang wird heute vielfach konstatiert, daß damit Meßprozesse auf qualitativ höherer Stufe möglich werden. Die Meßaufgabe wird in Richtung einer komplexen Erfassung mehrdimensionaler Meßinformationen und einer Bewertung der Qualität des Meßobjekts erweitert /8/, beispielsweise in Gestalt einer Bildanalyse, wie sie der Roboter zum Sortieren von Werkstücken benötigt. Wenn solche Prozesse aber als Meßprozesse verstanden und interpretiert werden, dann ist allerdings darauf hinzuweisen, daß es hier um Meßobjekte bzw. -größen, um Meßverfahren geht, die den Rahmen des klassischen Verständnisses von Grundbegriffen des Messens und der Meßtechnik sprengen. Bezogen auf Bildanalyse und Mustererkennung bedingt z.B. die Komplexität des zu "Messenden", daß die Meßaufgabe nicht wie beim Messen einer bestimmten physikalischen Größe "nur" darin besteht, zu ermitteln, wie oft eine als Vergleichsgröße dienende Einheit in der gesuchten Größe enthalten ist. Die Kompexität des Objekts erfordert eine komplexe Abbildung und Abbildauswertung auf der Grundlage entsprechender Hard- und Softwarelösungen. Dabei sind konkrete Objekte dieser Art immer nur unscharf bzw. in bestimmtem Grade scharf, niemals aber in ihrer ganzen Komplexität detailliert zu erfassen. Letzteres hätte Meßbedingungen zur Voraussetzung, wie sie objektiv nicht möglich sind, wie sie höchstens mechanisch-deterministisches Denken unterstellen kann. Letztlich geht es immer darum, durch die Abbildung bestimmter signifikanter Merkmale und die intelligente Abbildauswertung das Objekt der Abbildung einer bestimmten Muster- bzw. Objektklasse zuzuordnen. Nur: Kann damit überhaupt noch vom "Messen" die Rede sein?
In der entsprechenden Fachliteratur wird davon im allgemeinen mit großer Selbstverständlichkeit ausgegangen und diese Frage gar nicht aufgeworfen. Sie scheint uns aber nicht nur schlechthin berechtigt zu sein, sondern bedarf sowohl unter erkenntnistheoretisch-methodologischen als auch wissenschaftsstrategischen und -organisatorischen Erwägungen der Klärung. In der Tat haben wir es doch hier mit "Meßgrößen", "Meßverfahren", "Meßergebnissen", "Meßfehlern" usw. zu tun, die über den traditionellen Inhalt dieser Begriffe, über das

allgemeine Verständnis des Messens als Vergleich einer Größe mit einer bekannten Größe gleicher Art (Maßeinheit), dessen Resultat das Produkt aus Zahlenwert und Einheit ist, offensichtlich hinausgehen.
Ist es dann aber z.B. gerechtfertigt, in der heute vielfach praktizierten Weise die Sensortechnik generell der Meßtechnik zuzuordnen? Wenn der Sensor als Meßgrößenaufnehmer bzw. Meßwandler fungiert und insofern Teil einer Meßstrecke ist oder gar als intelligenter Sensor alle Glieder einer Meßkette in sich vereinigt (von der Meßsignalgewinnung bis zur--verarbeitung), steht das freilich nicht in Frage. Etwas anderes ist es aber offensichtlich, wenn mittels Sensorsystemen entsprechend eines zugrundeliegenden Klassifikationsalgorithmus z.B. Farben, Geräusche, "Bilder" zu bestimmen, d.h. einer bestimmten Klasse zuzuordnen sind. Messen im Sinne des Vergleichens mit einem Normal, des numerischen Quantisierens, kann man zwar Wellenlängen, Lautstärken, Abstände usw. Wie ist das aber mit solch komplexen "Größen"?
Künstliche Intelligenz beeinflußt das Messen und die Meßtechnik also nicht nur in Richtung des unmittelbaren Zusammenrückens von "eigentlichem" Messen und Meßinformationsverarbeitung im Meßsystem. Sie erweitert vor allem auch die Möglichkeiten der technischen Informationsgewinnung und -verarbeitung über die Grenzen des bisherigen Verständnisses des Wesens und der Aufgaben von Meßinformationssystemen hinaus. Bleibt die Frage: Wie muß den unter dem Einfluß der Automatisierung und künstlichen Intelligenz offensichtlich stattfindenden Veränderungen bzw. Erweiterungen der Struktur und Funktion technischer Meßverfahren in der Weiterentwicklung des Verständnisses des Wesens und der Aufgaben des Messens sowie der Meß- und Sensortechnik Rechnung getragen werden? Die Antwort kann nur durch weiterführende Untersuchungen gefunden werden, deren Dringlichkeit hiermit unterstrichen sei. Dabei geht es vor allem um zwei Problemkomplexe: Einerseits erweitern sich mit dem Eindringen der künstlichen Intelligenz in die Meß- und Sensortechnik deren konkrete Entwicklungs- und Anwendungsmöglichkeiten enorm und müssen vor allem für die weitere Automatisierung zielstrebig genutzt werden. Andererseits erfordert das die Weiterentwicklung der theoretischen Grundlagen des Messens einschließlich der Präzisierung meßtechnischer Grundbegriffe. Die Ergebnisse der zu erwartenden Forschung werden für die richtige Einordnung und strategische

Orientierung der weiteren Entwicklung der Meßtechnik als Wissenschaftsdisziplin und als integrierter Bestandteil moderner Produktionstechnik von nicht unterschätzender Bedeutung sein.

Literatur

/1/ Komplexprogramm des WTF der Mitgliedsländer des RGW bis zum Jahre 2000. In: "Neues Deutschland" vom 19.12.1985, S. 6.

/2/ Junge, H.-D.: Messung-Meßgröße-Maßeinheit. Leipzig 1981, S. 190 - 191.

/3/ Lotze, W.: Bedienarme Fertigung - eine Herausforderung an die Fertigungstechnik, In: Feingerätetechnik 9/84, S. 386

/4/ Ebenda, S. 386

/5/ Bretschi, J.: Intelligente Meßsysteme zur Automatisierung technischer Prozesse. München-Wien 1979, S. 83.

/6/ Vgl. ebenda, S. 88

/7/ Ebenda, S. 9

/8/ Vgl. z.B. Richter, W.: Stand und Tendenzen der Sensortechnik. In: messen.steuern.regeln 4/1983, S. 193 - 196

III. Kapitel

KÜNSTLICHE INTELLIGENZ UND SCHÖPFERISCHE ARBEIT

III.1 Experten und Expertensysteme

Mit der Entwicklung der künstlichen Intelligenz war auch immer das Bemühen verbunden, die von der Maschine übernommenen geistigen Prozesse so effektiv als möglich zu gestalten, um die menschliche geistige Arbeit wirksam unterstützen zu können. Schon in den fünfziger und sechziger Jahren wurde versucht, mit allgemeingültigen Problemlösern und nichtwissensbasierten Suchtechniken Computerprogramme für die Lösung umfangreicher Probleme einzusetzen. Die Wirkungsweise dieser Programmsysteme war jedoch nur für gut überschaubare und gut strukturierte Probleme gesichert, die aber in dieser Form kaum oder nur in geringem Maße existieren. Bei der Lösung realer Problemstellungen, durch Komplexität und Kompliziertheit gekennzeichnet, zeigte sich sehr bald, daß es mit der wachsenden Anzahl der Variablen zur nahezu explosivartigen Vergrößerung des Suchraumes und damit verbunden zur Verlängerung der notwendigen Suchzeiten kam. Das widersprach der oben genannten Zielstellung. Erst mit der Berücksichtigung von Expertenwissen konnte eine geeignete Suchraumeinschränkung und somit eine effektive Problemlösung erreicht werden. Solche auf Expertenwissen aufbauende Computerprogramme, in denen Methoden und Prinzipien der künstlichen Intelligenz eingesetzt werden, bezeichnet man als wissensbasierte Systeme. Der Computer wird dabei als allgemeinzugängliche Wissensquelle, die selbst Schlußfolgerungen ziehen kann, betrachtet nicht, wie in herkömmlichen Systemen, als passive Datenbank. Dieses Wissen umfaßt Fakten, Aufgabenstellungen und aufgabenspezifische Problemlösertechniken, welche aus dem Spezialgebiet eines Experten abgeleitet wurden. Alle Aktivitäten unter Verwendung der Methodender künstlichen Intelligenz zur Entwicklung und Anwendung von wissensbasierten Systemen werden unter dem Begriff "Knowledge Engineering" zusammengefaßt.
Wissensbasierte Systeme, die im Dialog mit einem Experten das Wissen eines Spezialisten ganz oder teilweise übernehmen, werden als Expertensysteme bezeichnet. Dadurch, daß der Computer vor allem das Problemlösungsverhalten eines Experten simuliert, wird

hochspezialisiertes Wissen allgemeingültig verfügbar, neue Erkenntnisse schnell verbreitet und neues Wissen kann Lernenden vermittelt werden. Generell spielt dabei die Wechselwirkung zwischen Experte und Expertensystem eine dominierende Rolle. Wird die Übergabe des Expertenwissens an das Expertensystem in Form eines Dialogs von Experte und Expertensystem vollzogen, sind damit konkrete Fragen des Verhältnisses von Mensch und künstlicher Intelligenz eng verbunden. Der Experte befindet sich in einer für ihn qualitativ neuen Situation. Von ihm entäußertes Wissen tritt ihm als Computerfunktion entgegen. Der Experte muß sich die Frage beantworten, wie er diesen Prozeß werten, welche Stellung er dazu beziehen soll. Für den Kapitalismus ist eine Furcht der Experten vor dieser neuen Entwicklungsrichtung verständlich. So schreibt z.B. Frieder Nake über entsprechende Entwicklungstendenzen in Japan folgendes: "Es geht entscheidend um die Mechanisierung der Kopfarbeit. Das japanische Projekt kann nur verstanden werden als epochaler Angriff auf jetzt noch lebendige geistige Arbeit" /1/. Welche Ursachen können für eine solche Haltung gefunden werden? Dem Experten wird das Wissen "enteignet", der Wert seiner Ware Arbeitskraft sinkt und er wird in diesem oder jenem Grade pauperisiert. Diese Furcht existiert im Sozialismus nicht, und sie darf als solche auch nicht zufällig oder mutwillig erzeugt werden. Das bedeutet aber nicht, daß der Prozeß der Übergabe des Wissens an ein Expertensystem im Sozialismus problemlos ist. Gerade das Expertenwissen ist es ja, das den Experte als solchen charakterisiert, was ihm gesellschaftliche und kollektive Anerkennung verschafft. Nur wenn das Expertensystem vom Experten als nützliches Hilfsmittel seiner Arbeit, als Möglichkeit der Leistungssteigerung in der geistigen Tätigkeit verstanden wird, kann die nötige Bereitschaft entwickelt werden, sein Wissen uneingeschränkt zur Verfügung zu stellen. Expertensysteme machen den Experten keineswegs überflüssig, sie setzen ihn vielmehr voraus, um solche Systeme zu schaffen sowie sie sinnvoll, effektiv und schöpferisch zu nutzen.
Die künstliche Intelligenz findet durch die Realisierung von Expertensystemen breiteste Anwendung in nahezu allen Bereichen der Gesellschaft. Es ist deshalb unmöglich, die Anwendungsgebiete von Expertensystemen vollständig aufzuzählen. Ob in der Ingenieurtätigkeit, in der Medizin, im Planungsprozeß oder anderswo, für den Einsatz von Expertensystemen gibt es kaum Beschränkungen.

Dabei zeigt sich jedoch, daß Expertensysteme auf eingeschränkten Spezialgebieten wirkungsvoller eingesetzt werden können als in breiten Anwendungsbereichen. Expertensysteme können auf unterschiedlichen Spezialgebieten solche Aufgaben ausführen, wie z.B. Analyse, Diagnose, Therapie, KLassifikation, Entwurf, Planung, Entwicklung, Konstruktion, Interpredation, Konsultation, Prognose, Programmieren, Lehren und Unterweisen. Diese Funktionen werden von den verschiedenen Expertensystemen entsprechend ihrer Zielstellung unterschiedlich ausgeführt. Das Expertensystem DENDRAL/2/ wurde als eines der ersten Systeme zur Analyse und Interpretation von Molekularstrukturen von Fragmenten organischer Moleküle eingesetzt. In der Medizin ist das Expertensystem MYCIN /3/ für die Diagnose und Therapie bei bakteriellen Infektionskrankheiten bekannt geworden. Aber auch in der Ingenieurtätigkeit sind in Form der CAD/CAM-Systeme Expertensysteme für die Konstruktion, Planung und die operativen Entscheidungen bei der Fertigungssteuerung entwickelt worden.

Wodurch ist nun das Expertenwissen gekennzeichnet, das den Experten befähigt, komplizierte Probleme zu lösen und richtige Entscheidungen zu treffen?

Auf der Grundlage der Widerspiegelung der objektiven Realität beinhaltet das Expertenwissen wie das Wissen überhaupt wahre Aussagen, Bewertungen, Handlungsanweisungen und Normen /4/.

Das Expertenwissen ist Resultat der Widerspiegelung eines bestimmten Bereiches der objektiven Realität und ist damit Spezialwissen auf einem begrenzten Gebiet. Neben der inhaltlichen Differenzierung ist das Expertenwissen durch unterschiedliche Ebenen der Widerspiegelung charakterisiert. Besonders hervorgehoben werden soll das Erfahrungswissen als Element der empirischen Wissensebene. Dieses Erfahrungswissen resultiert aus der unmittelbaren Verbindung von Objekt und Subjekt. Das in dieser Wechselbeziehung entstandene Wissen beinhaltet erstens Erkenntnisse über einzelne Eigenschaften und Zusammenhänge der Objekte, zweitens Erkenntnisse über die Art und Weise der Anwendung der verschiedenen Bestandteile des Wissens im Zusammenhang mit den zu erzielenden Ergebnissen und drittens Methoden der Problemlösungen und Entscheidungsfindungen in Abhängigkeit von bestimmten Erscheinungen. Das Expertenwissen ist zunächst individuelles Wissen und damit an das

Subjekt, in diesem Fall an den Experten, gebunden. Erst durch die Materialisierung des in ideeller Form vorhandenen Wissens in einem Zeichensystem wird es für andere und damit gesellschaftlich verfügbar. Aufgrund des Inhaltes und der Struktur seines Wissens ist der Experte in der Lage, ausgehend vom Erfassen der Erscheinung Schlußfolgerungen zu ziehen, ohne daß er in jedem Fall explizit von der Erscheinung zum Wesen vordringen und das jeweilige Bedingungsgefüge im einzelnen analysieren muß. Die Vielzahl der Einflußfaktoren auf die vom Experten zu treffende Entscheidung wird von ihm in ihrer Komplexität erfaßt. Er ist nicht gezwungen, diese Komplexität aufzuschlüsseln und jedes Element für sich zu untersuchen, um erfolgreich zu handeln. So ermöglicht z.B. die Bewertung eines Tropfens aus der Glasschmelze den Glasmacher, die Form- und Preßeigenschaften für den nachfolgenden Prozeßvorgang in Abhängigkeit von der Glastemperatur, der Gemengezusammensetzung und dem Glaswannenregime zu bestimmen. Die Bewertung des Glastropfens erfolgt u.a. auf der Grundlage der Analyse solcher Eigenschaften wie Farbe und Form. Die Widerspiegelung der Erscheinung gestattet dem Glasmacher, seine nachfolgenden Handlungen richtig zu wählen. Der Experte auf diesem Gebiet entscheidet sich auf der Grundlage seiner Erfahrungen für ein bestimmtes Vorgehen in der weiteren Bearbeitung entsprechend der Ausgangssituation. Auch durch eine Vielzahl von Meßgrößen kann die Differenziertheit der objektiv existierenden Erscheinungen kaum umfassend widergespiegelt werden, oder sie erfordert einen letztendlich uneffektiven Aufwand. Das Expertenwissen beinhaltet demgegenüber Wissen, das die unendliche Vielfalt der quantitativen Bestimmtheit der Dinge und Prozesse in ihren verschiedenen Abstufungen sowie ihre unterschiedliche Wertigkeit für die zu treffende Entscheidung erfaßt. Die genannte Herangehensweise des Experten an die Entscheidungsfindungen ermöglicht eine effektive Gestaltung der Problemlösung und damit des Entscheidungsprozesses. Das ist besonders dann gefordert, wenn es um eine schnelle und den Bedingungen angemessene Entscheidung geht. Soll dieser Prozeß von einem Expertensystem übernommen werden, ist die Frage zu beantworten, wie das Expertenwissen im Computer gespeichert werden kann /5/.
Von L.A. Zadeh /6/ wurde in den sechziger Jahren die unscharfe Mengentheorie (fuzzy sets theory) formuliert, welche geeignet ist, Expertenwissen in mathematischer Form für den Rechner verwendbar zu beschreiben. Die unscharfe Mengentheorie basiert auf der Defini-

tion der unscharfen Menge (fuzzy set), die im Gegensatz zur klassischen scharfen Menge Elemente mit unterschiedlichen Zugehörigkeitsgraden beinhaltet. In einer Prozeßsituation kann die unscharfe Menge als Zusammenfassung aller Handlungsmöglichkeiten aufgefaßt werden, die unterschiedlich gut die Handlungsabsichten eines Experten realisieren. Die Bewertung von Möglichkeiten steht im Gegensatz zur statistischen Bewertung von Mengenelementen. Die statistische Bewertung wird aus der Auftrittshäufigkeit abgeleitet, als Ergebnis möglichst vieler wiederholender Versuche bei nahezu gleichen Prozeßbedingungen. Im Entscheidungsprozeß komplexer Systeme können die Forderungen der Statistik nicht erfüllt werden. Je komplexer das System ist, desto größer ist seine Störungsvielfalt, so daß Entscheidungen auf der Grundlage sich ständig verändernder Prozeßsituationen getroffen werden müssen. Die unscharfe Menge besitzt im Unterschied zu der scharfen gewöhnlichen Menge Elemente mit unterschiedlichen Zugehörigkeitsgraden. Im Bild ist die scharfe Menge A durch eine rechteckige Zugehörigkeitsfunktion gekennzeichnet, die jedem Element dieser Menge entweder den Wert 1 für die Zugehörigkeit oder den Wert 0 für die Nichtzugehörigkeit zuweist. An den Grenzen der scharfen Menge befinden sich also Elemente in unmittelbarer Nachbarschaft, die nicht bzw. zu der Menge gehören. Wollte man diese scharfe Menge zur Beschreibung von Expertenwissen verwenden, würde gerade die Festlegung dieser scharfen Mengengrenzen zu großen Schwierigkeiten führen. Das wäre vor allem dann der Fall, wenn die Kenntnisse bei einem komplexen System nur unvollständig vorhanden sind. Bei der Verwendung von unscharfen Mengen sind dagegen die Mengengrenzen "verwaschen", also durch geringe Zugehörigkeitsunterschiede gekennzeichnet, so daß ihre Festlegung nicht durch eine unsachgemäße Präzisierung erzwungen werden muß. Im Bild 1 wird die Zugehörigkeit der Elemente zur unscharfen Menge A durch eine Glockenkurve gekennzeichnet. Diese Zugehörigkeitsfunktion ordnet jedem Element einen Wert aus dem Intervall zwischen 0 und 1 zu, wobei der Wert 1 die letzte Zugehörigkeit und der Wert 0 keine Zugehörigkeit zur Menge A ausdrückt. Ein Element mit dem Zugehörigkeitwert 0,8 gehört also mehr zur Menge A als ein Element mit dem Zugehörigkeitswert 0,5.

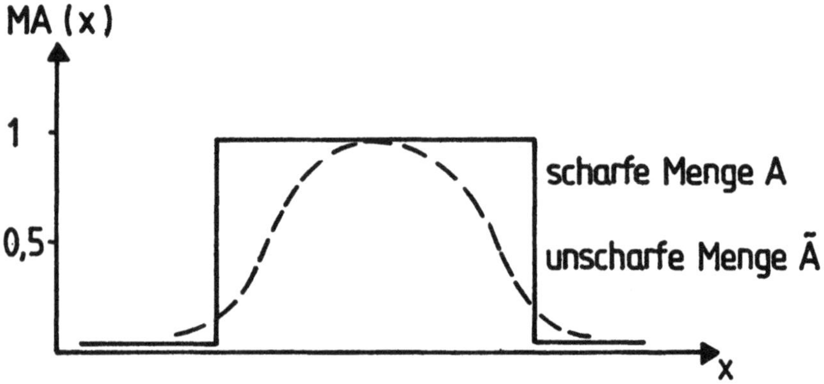

Bild 1

Die unterschiedliche Zugehörigkeit zu einer Aussage gestattet die Beschreibung durch eine mehrwertige Logik, die neben den Werten wahr und unwahr, die Zwischenwerte sehr wahr, weniger wahr, beinahe wahr usw. zuläßt.
Eine Aussage, die vollständiges Wissen über ein Erkenntnisobjekt beinhaltet, kann durch eine scharfe Menge dargestellt werden. Die unterschiedliche Ausprägung des Umfanges und der Tiefe der Kenntnisse eines Experten kann durch unterschiedliche Zugehörigkeitsfunktionen ausgedrückt werden. (Siehe Bild 2)

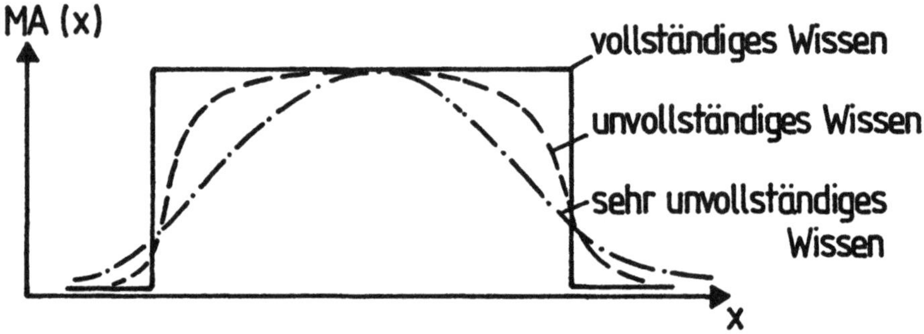

Bild 2

Unterschiedliche Aussagen eines Experten lassen sich durch verschiedene unscharfe Mengen ausdrücken. Im Bild 3 wird zum Beispiel die Zuordnung einer Temperatur zu den Aussagen sehr hohe Temperatur, hohe, mittlere, geringe und sehr geringe Temperatur durch jeweils eine spezielle unscharfe Menge beschrieben.

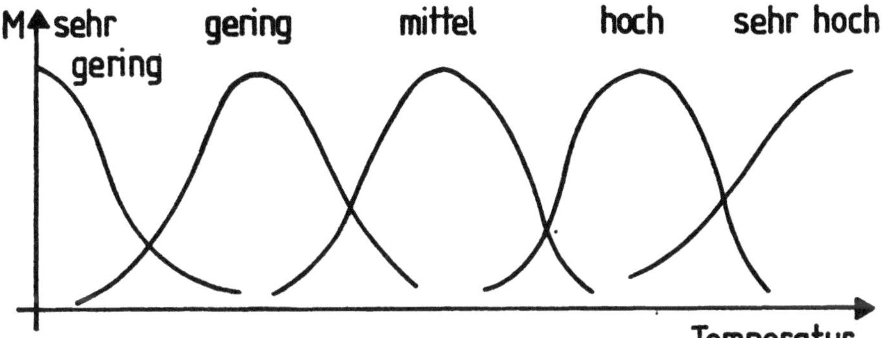

Bild 3

Müssen verschiedene Aussagen oder Kenntnisse eines Experten miteinander verknüpft werden, so erfolgt auch eine Verknüpfung der zugeordneten unscharfen Mengen. Ein Beispiel dafür wäre folgende Aussage: Die Heizung ist zu verstärken, wenn die Temperatur sehr gering oder gering ist. In der unscharfen Mengentheorie kann die Verknüpfung durch "und" sowie "oder" unterschiedlich realisiert werden. Die Verknüpfung zweier unscharfer Mengen durch "und" (Konjunktion $\wedge$) wird dabei als filternde Operation zur Kontrastverstärkung gemeinsamer Informationen betrachtet. Eine Möglichkeit der Konjunktion besteht z.B. in der Verwendung des jeweiligen minimalen Zugehörigkeitswertes für jedes Element der verknüpften Mengen durch die MIN-Operation (Bild 4).

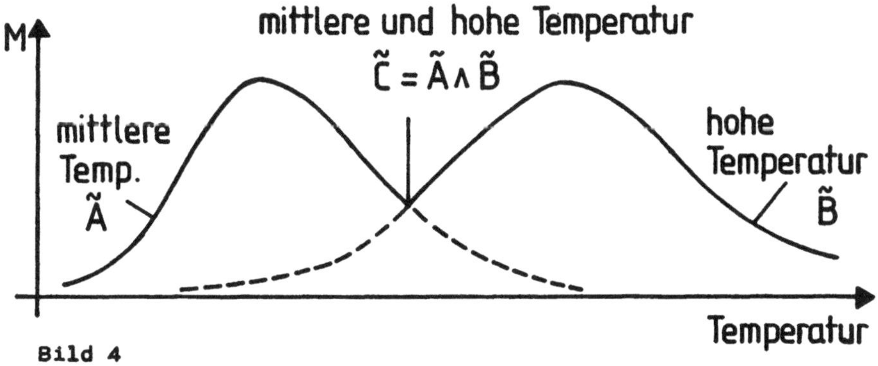

Bild 4

Die Disjunktion (Verknüpfung von unscharfen Aussagen) durch "oder" wird als Anreicherungs- oder zusammenfassende Operation beider unscharfer Ausgangsmengen betrachtet. Eine mögliche Realisierung besteht in der MAX-Operation, indem jeweils den verknüpften Elementen der maximale Zugehörigkeitswert zugeordnet wird. (S. Bild 5)

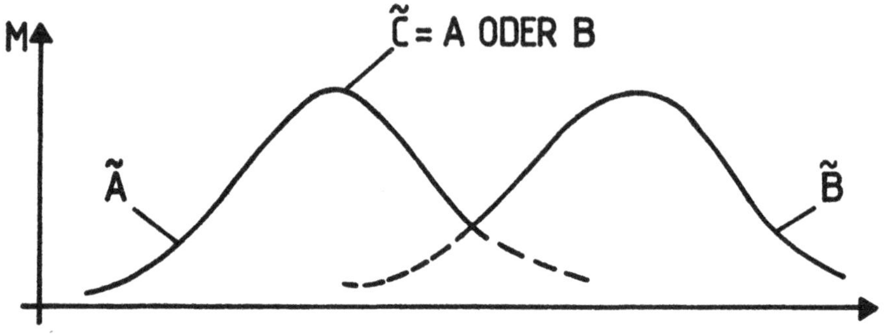

Bild 5

Die Entscheidungen eines Experten lassen sich auch durch Schlußregeln der Form "wenn - dann" ausdrücken. Diese Regeln können, wenn sie unscharfe Aussagen miteinander verknüpfen, durch unscharfe Relationen dargestellt werden. Eine solche unscharfe Relation für die Festlegung einer Steuerhandlung in Abhängigkeit von dem Fehler (x-xs) und der Änderung des Fehlers Δ (x-xs) ist in der Entscheidungstafel von Bild 6 aufgezeigt.

Die unscharfen Entscheidungsregeln lassen sich dann wie folgt aus der Tafel ablesen: Wenn die Abweichung des Istwertes vom Sollwert sehr klein ist und wenn die Änderung der Abweichung negativ mittel ist, dann muß das Stellglied positiv mittelstark verstellt werden. Aufbauend auf einer Menge solcher unscharfer Entscheidungsregeln, lassen sich Wissensbasen für Rechnersysteme aus dem Expertenwissen entwickeln, die, zu einer Schlußkette zusammengestellt, zur Lösung von komplexen Problemen eingesetzt werden können. /7/

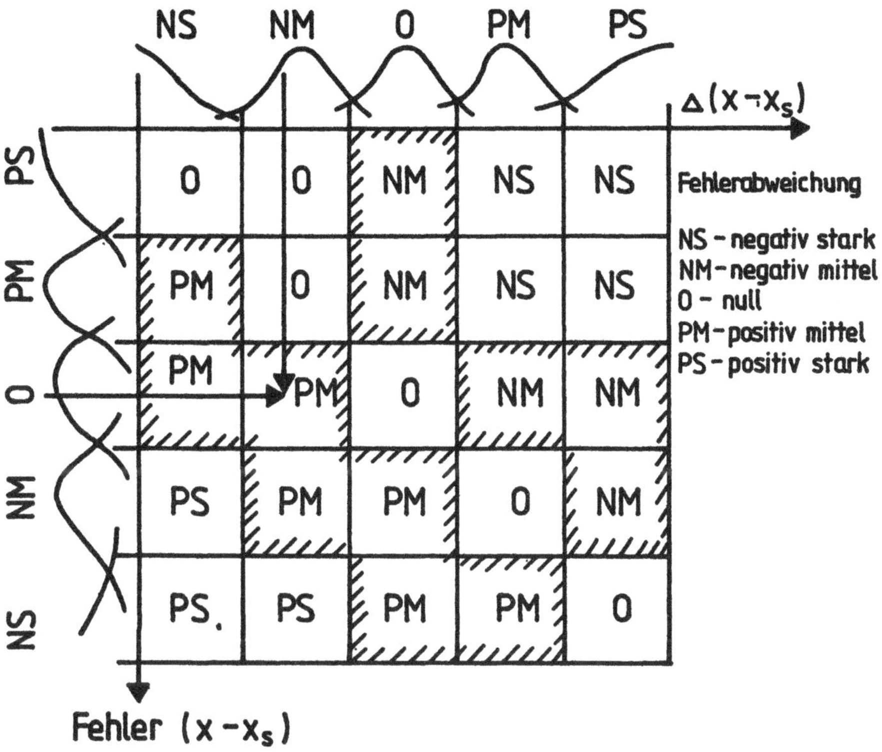

Bild 6

Um Expertenwissen aufnehmen zu können, bedarf es auch einer bestimmten <u>Struktur der Expertensysteme.</u> Sie ist durch verschiedene Komponenten und ihre Wechselwirkung gekennzeichnet. /8/

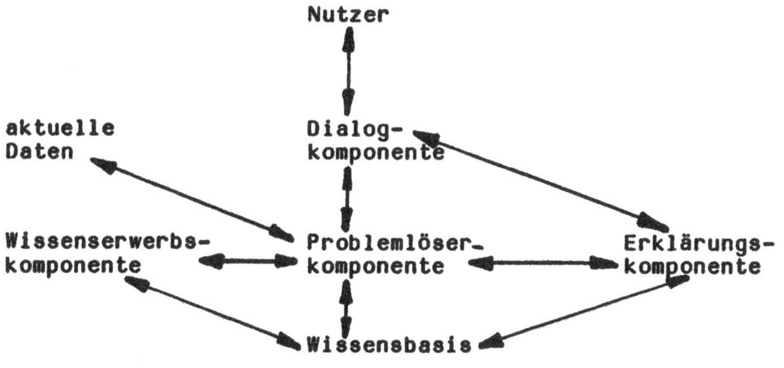

In der angegebenen Struktur des Expertensystems besteht eine Trennung zwischen Wissensbasis und aktuellen Daten. Diese Trennung wurde eingeführt, um die Entwicklung von Meta-Expertensystemen zu ermöglichen, die unabhängig von den aktuellen Daten für die Problemlösung ganzer Problemklassen nutzbar sind. Diese Meta-Expertensysteme sind für die Entwicklung von allgemeinen Problemlösertechniken, Architekturen von Wissensbasen und den übrigen Systemkomponenten geeignet. Im speziellen Einsatzfall werden sie dann durch die aktuellen problemabhängigen Daten zur Gewährleistung ihrer vollen Gültigkeit aktualisiert. Mit der Schaffung solcher Meta-Expertensysteme ergeben sich für das Knowledge Engineering sowie für die Erschließung von noch wenig strukturierten Wissensgebieten ungeahnte Möglichkeiten.

Die Dialogkomponente ist die Hauptkomponente eines Expertensystems. Sie realisiert die Schnittstelle zwischen dem Experten und dem Programmsystem. Sie ermöglicht die Aufgabenformulierung durch den Experten für das System, die Einflußnahme auf den Lösungsprozeß und die Ausgabe der Lösung, verbunden mit erklärenden Hinweisen.
Durch die Dialogkomponente erfolgen die übrlichen Syntaxüberprüfungen, Sinnfälligkeits- und Vollständigkeitstests sowie die Umwandlung der nutzerspezifischen Fachtermini in systemeigene Begriffe der Wissensbasis. Mit diesem Transformationsvorgang soll die volle Nutzung des Expertensystems gewährleistet werden, ohne daß der Nutzer die Fachsprache des ihm unbekannten "Systemexperten" verwenden muß. Bei der Aufgabenformulierung müssen vom System "unscharfe" Begriffe des jeweiligen Experten akzeptiert werden, die zur unvollständigen Darstellung der Aufgabenstellung führen. Vor allem bei der Realisierung des Nutzerdialogs durch eine Spracheingabe sollte die Aufgabenstellung an das Expertensystem durch einfache, für den Nutzer verständliche sprachliche Spezifikationen ermöglicht werden. Solche Spezifikationen können aus bekannten Beispielen abgeleitet werden, die, wenn sie auch nur partiell gültig sind, die Aufgabe effektiv beschreiben. Im weiteren ist die Dialogfähigkeit durch kurze Antwortzeiten und ihre hohe Systemsicherheit gekennzeichnet, die bei möglichen Fehlbedingungen einen Systemabsturz unbedingt verhindern muß. Die Verwendung von grafikfähigen Ein- und Ausgabegeräten erlaubt eine effektive Nutzung des Systems, indem durch moderne Menü- und Fenstertechniken eine Be-

dienung ohne spezielle Rechnerkenntnisse möglich wird. Die nutzerfreundliche Realisierung der Dialogkomponente trägt wesentlich dazu bei, wie und mit welchen Ergebnissen das Expertensystem in den Arbeitsprozeß eingefügt werden kann.

Die Wissensbasis enthält alle Regeln, Daten und Informationen zur Steuerung der Lösungsstrategie. Von der Gültigkeit und Vollständigkeit ihrer Daten hängen die Anwendbarkeit und Qualität des Expertensystems ab. Es zeigt sich, daß die Größe des Anwenderbereiches und die Qualität der zu erwartenden Lösungen im direkten Zusammenhang mit der Wahl der Wissensbasis stehen. Ein breites Anwendungsgebiet erfordert große Datenmengen in der Wissensbasis, so daß Modellvereinfachungen notwendig werden und deshalb bei der herkömmlichen Rechentechnik nur relativ unvollständige Lösungen zu erwarten sind. Es wurden und werden folgende Methoden zur Wissensrepräsentation entwickelt: /9/

- Die deklarative Wissensrepräsentation beinhaltet Wissen als eine Menge von Fakten, die in einer statischen Datenbasis abgelegt sind und mit denen ein aktiver Verarbeitungsteil operiert, der selbst kein Wissen enthält und deshalb unabhängig von dem Inhalt der aktuellen Wissensbasis arbeiten kann.
- Die prozedurale Wissensrepräsentation besteht aus einer Menge von Prozeduren über die Anwendung von Wissen, das Ziehen von Schlüssen, den Zugriff zu Fakten usw. Im Gegensatz zur deklarativen Wissensrepräsentation besteht diese Wissensbasis aus einer Menge von aktiven Wissenselementen. Betrachten wir z.B. das Quadrieren einer Zahl, dann entspricht die Abspeicherung der Quadratzahlen in einer Tabelle der deklarativen Wissensdarstellung, während die Prozedur, die ausdrückt, wie man quadriert, die prozedurale Wissensdarstellung beinhaltet. Ihr Vorteil besteht in der Speicherplatzeinsparung bei komplexen Problemen.
- Die Wissensrepräsentation durch Frames /10/ geht auf den Schema-Begriff der Psychologie zurück. Hier werden bestimmte Eigenschaften oder Elemente (Slots) eines Objektes in ein Schema (Frame) eingeordnet.

Außerdem kann zusammenfassend festgestellt werden, daß für die Entwicklung von Wissensbasen neben der Darstellung von Wissen auch alle Probleme von Datenbanksystemen, wie z.B. Flexibilität, Zugriffsmöglichkeiten, Kontrollstrukturen usw., von großer Bedeutung sind.

Die Wissenserwerbskomponente hat die Aufgabe, die Wissensbasis eines Expertensystems zu vervollständigen. Da die Experten meist nicht selbst die Entwicklung des Systems vornehmen, hat die Wissenserwerbskomponente zunächst einmal eine Mittlerfunktion. Sie dient dem Einbringen des Expertenwissens in das System. Außerdem hat sie zusätzlich eine Adaptionsfunktion, die sich aus dem Erkenntnisprozeß während der Arbeit mit dem Expertensystem ergibt. Die Mittlerfunktion kann durch eine computergestützte Auswertung aller auf dem Fachgebiet vorhandenen Literatur /11/, durch Expertenbefragung, durch semantische Klassifikatoren oder leistungsfähige Lernalgorithmen entwickelt werden.

Die Problemlöserkomponente eines Expertensystems entwickelt die Inferenzketten aus den Regeln der Wissensbasis, um von einem Anfangszustand in einen Endzustand des Lösungsraumes zu gelangen. Dieser Problemlösungsprozeß kann als Transformationsvorgang eines Anfangszustandes in den Zielzustand des Suchraumes betrachtet werden. Bei jedem Transformationsschritt muß entschieden werden, welche Regeln in dem gegenwärtigen Zustand anwendbar sind und welche ausgewählt werden sollten, um möglichst gut das Ziel zu erreichen. Nach dieser Entscheidung muß dann durch Anwendung der ausgewählten Regel der Folgezustand ermittelt werden, um danach eine Pfadbewertung vornehmen zu können und gegebenenfalls bei Erreichen der Zielmenge den Suchprozeß abzubrechen. In der Forschung zur künstlichen Intelligenz wurden in den zurückliegenden Jahren eine Fülle von Suchalgorithmen bereitgestellt, die in einem gegebenen Suchraum in einem mehrstufigen Entscheidungsprozeß eine Kette anzuwendender Regeln zur Lösungsfindung entwickeln. Es können folgende grundlegende Suchstrategien unterschieden werden:

- Breitsuche -
  alle Regeln werden auf verschiedene Zustände einer Suchraumebene angewendet, bevor Zustände einer tieferen Ebene betrachtet werden;
- Tiefensuche -
  Anwendung der Regeln von Zustand zu Zustand in Richtung einer bestimmten Suchtiefe bevor Verzweigungen in einer Ebene betrachtet werden;
- Bottom up - Suche -
  Suche vom Istzustand oder von der Wurzel des Suchraumes aus;

- Top down-Suche -
  Regelentwicklung vom Zielzustand in Richtung Istzustand;
- heuristische Suche -
  aufgabenspezifische Informationen werden verwendet, um durch Suchraumeinschränkungen (z.B. Teilzielbildung) den Suchprozeß zu effektivieren.

In den realen Problemlöserprozeduren werden die unterschiedlichen Suchstrategien miteinander verkoppelt verwendet. Die Auswahl der Suchstrategien steht im engen Zusammenhang mit der Qualität der vorhandenen Wissensbasis.

Mit der Erklärungskomponente werden Hinweise zur Erläuterung der gewonnenen Lösung gegeben. Der Nutzer wird dadurch in die Lage versetzt, aktiv auf den Lösungsprozeß einzuwirken. Grundlage für die Anwendung des vom Expertensystem ermittelten Ergebnisses ist die Bewertung dieses Ergebnisses durch den Nutzer. Eine erste wichtige Voraussetzung dafür ist das richtige Erfassen des Inhaltes der Entscheidung. Aus diesem Zusammenhang ergibt sich die Bedeutung der Erklärungskomponente. Die Erfahrungen beim Einsatz von Expertensystemen deuten immer wieder darauf hin, daß die Entwicklung der Erklärungskomponente wesentlich die Akzeptanz der Lösungen bestimmt. Der Nutzen eines Expertensystems ist sehr fragwürdig, wenn der Experte die Lösung des Systems nicht versteht und demzufolge nicht anwendet. Die Erklärungskomponente muß deshalb in Abstimmung mit dem Aufnahmevermögen des Menschen möglichst unverschlüsselt in einer dialogfähigen Weise aufgebaut sein. Der Bediener darf nicht, wie das bei Fehlerermittlungen in herkömmlichen Rechnersystemen der Fall ist, von jedem Fehler gleichermaßen erdrückt werden. In einem Frage-Antwort-Dialog muß der Nutzer in strukturierter Weise von globalen zu lokalen Informationen geführt werden. Z.B. kann eine Lösungsannahme bei Expertensystemen für Entscheidungen im Echtzeitbetrieb, wenn sie vom Experten nicht verstanden wurde, eine ungewollte "Rechnergläubigkeit" erzeugen. Diese wiederum beeinflußt den Mensch-Maschine-Dialog negativ und verringert die Möglichkeit der Einflußnahme des Menschen auf den Lösungsprozeß. "Rechnergläubigkeit" bedeutet auch, daß das Ergebnis als absolut richtig und zutreffend gewertet wird. Aber auch das Gegenteil kann eintreten, wenn aus Unkenntnis der ablaufenden Prozesse die Ergebnisse abgelehnt werden. Die Ursachen für die mögliche uneingeschränkte Annahme oder aber Ablehnung des vom Expertensystem erzielten Ergebnisses liegen in der veränderten Stellung des Menschen im Entscheidungsprozeß. Damit ist für ihn eine qualitativ neue Situation in der Bewertung des Ergebnisses gegeben. Die Relation innerhalb der Einheit von Erkennen und Bewerten hat sich verschoben. Die Bewertung, als Voraussetzung für die Anwendung der Lösung, kann nicht im Erkenntnisprozeß wie üblich "vorbereitet" werden, da dieser ganz oder teilweise vom Expertensystem übernommen wird. Der Nutzer muß in der Lage sein, die vorliegende Entscheidung zu bewerten, ohne einzelne Kenntnisse über den abgelaufenen Entscheidungsprozeß zu besitzen. Damit wächst die Verantwortung des Nutzers auch hinsichtlich der Anwendung der gewonnenen Ergebnisse. Das bedeutet wachsende Anforderungen an seine Fähigkeiten und Fertigkeiten.

Literatur:

/1/ Zitiert nach: Volpert, W.: Zauberlehrlinge. Die gefährliche Liebe zum Computer, Weinheim, Basel 1985, S. 31.

/2/ Siehe auch: Retti, I.: Artifical Intelligence, Stuttgart 1984.

/3/ Siehe auch: Shartliffe, E.H.: Computer - based medical consultations. MYCIN, New York 1976.

/4/ Vgl. Philosophie und Naturwissenschaften. Wörterbuch zu den philosophischen Fragen der Naturwissenschaften, Berlin 1978.

/5/ Siehe auch: Lipp, H.-P.: Anwendung eines Fuzzy-Petri-Netzes zur Beschreibung von Koordinierungssteuerungen in komplexen Produktionssystemen, in: Wissenschaftliche Zeitschrift der Technischen Hochschule Karl-Marx-Stadt, Heft 5/1982, S. 633 - 639.
Lipp, H.-P.: Application an Fuzzy-Petri-Netz in complexe industrial systems, in: International Workshop an Fuzzy set Applications, Eisenach 1983.

/6/ Zadeh, L.A.: Fuzzy sets, in: Information and control, Heft 8/1965.

/7/ Weiterführende Literatur zur unscharfen Mengentheorie:
Lipp, H.-P.: Die Anwendung der unscharfen Mengentheorie für ein Steuerungskonzept zur operativen Führung komplexer Systeme. Dissertation A, Karl-Marx-Stadt 1980.
Negoita, C.V.; Ralescu, D.A.: Application of fuzzy sets to systems analysis, Basel 1975.
Kaufmann, A.: Introduction to the theory of fuzzy subsets, in: Academic Press, New York, San Francisco, London 1975.

/8/ Siehe auch: Miller, K.-R.: Artifical Intelligence - applications for manufacturing part 1 and 2, in: SEAL Technical Publications P.O. Box 590, Madison 1984.

/9/ Siehe auch: Retti, I.: Artifical Intelligence, Stuttgart 1984.

/10/ Siehe auch: Ebenda.

/11/ Weiss, A.: Application of fuzzy set conzepts to design of chemical syntheses, in: International Workshop an Fuzzy sets Applications, Eisenach 1983.

III.2. Entwicklungstendenzen der rechnergestützten Arbeit

Als in den fünfziger und sechziger Jahren der Computer zunehmend zum praktischen Einsatz kam, waren es zuerst die Wissenschaftler und Ingenieure, die sich dieses neuen Werkzeugs bedienten. Im Vordergrund stand dabei die Durchführung umfangreicher numerischer Rechnungen, womit auch die ersten Einsatzgebiete gegeben waren.
Es waren vor allem die Wissenschafts- und Ingenieurdisziplinen, in denen aus den verschiedensten Gründen traditionell viel gerechnet wurde (Flugzeugbau, Schiffbau, Optik, Chemieanlagenbau, Bauwesen). Der Computer half, das bereits vorhandene Bedürfnis zu befriedigen, aufwendige Rechenvorgänge zu beschleunigen. Charakteristisch für diese Phase ist, daß der Computer gleichsam auf die traditionellen Denkschemata "aufgesetzt" werden mußte.
Diese frühe Phase der rechnergestützten Arbeit wird deshalb mitunter auch als die "Zeit des großen Rechenstabes" bezeichnet. Es ist typisch, daß fast jede Wissenschaftsdisziplin, jede Sphäre menschlichen Lebens, die sich der Computer schrittweise eroberte, eine solche Phase durchmacht. Im Rahmen vorhandener Problemfelder wurden solche entdeckt, für die der Computer schnellere Lösungen ermöglichte.
Dieser Effekt brachte und bringt noch heute die positive Wirkung hervor, engagiert nach weiteren Einsatzgebieten zu suchen und bisherige Denk- und Tätigkeitsgewohnheiten kritisch zu werten.
In den Ingenieurdisziplinen entstanden so schon frühzeitig die theoretischen Grundlagen und erste praktische Anwendungen solcher heute vielseitig eingesetzten Verfahren, wie z.B. die Finite-Element-Methode und die Theorie linearer Netzwerke. Manche technische Entwicklung jener Zeit ist untrehnbar mit diesen völlig neuartigen Methoden verbunden; gedacht sei nur an die Raketentechnik, moderne Spannbetonarchitektur und Mikroschaltkreise.
Die sechziger Jahre werden in der Technikgeschichte gern als die der kommerziellen Datenverarbeitung bezeichnet. Das hat seine Gründe darin, daß die Voraussetzungen bezüglich der Hard- und Software dafür besonders günstig waren. Die peripheren Geräte, wie Lochkartenleser, Lochkartenstanzer und Drucker wurden im Prinzip von der älteren Lochkartentechnik übernommen. Magnetband- und Magnetplattenspeicher boten die Voraussetzung zum Speichern großer Datenmengen. Die Hauptspeichergröße der damaligen Rechner reichte für viele Anwendungen in der Betriebsabrechnung und sogar Ferti-

gungslenkung aus; Übersetzer für höhere Programmiersprachen (FORTRAN, COBOL, PL/1) entstanden.
Die Hauptursache dafür, daß der Computer wesentlich rascher in der ökonomischen Sphäre als in der Vielzahl der Ingenieurdisziplinen Eingang fand, ist in der damaligen Organisationsform der Rechnernutzung zu finden. Baugröße, Klimatisierungserfordernis und die Art der Betriebssysteme, d.h. der internen Steuerprogramme, bedingten den "closedjob"-Betrieb. Der Nutzer übergab seine Daten und erhielt nach einer entsprechenden Zeit seine Ergebnisse zurück. Das Rechenzentrum bearbeitete die Aufträge nach einem festen Plan. Dadurch konnten viele Computerprogramme, die in jener Zeit für technische Anwendungen entwickelt wurden, nicht in ihrer möglichen Multivalenz genutzt werden. Die Ingenieure zogen wegen der zu hohen Antwortwartezeit deshalb den Rechenstab und später den Taschenrechner vor. Das traf allerdings dort nicht zu, wo man - wie bereits erwähnt - Berechnungen standardisiert im Arbeitsablauf einordnen konnte. Für den Maschinenbau mit seinen vielgestaltigen und häufig wechselnden Ingenieuraufgaben war es jedoch typisch.
Zu einer Änderung dieser Situation kam es vor allem in den siebziger Jahren. Mit dem alphanumerischen Bildschirm wurde der Dialog als eine neue Form der Nutzerkommunikation möglich. In Verbindung mit weiter gesteigertem Speicherumfang und erhöhten Leistungsparametern der Zentraleinheiten (Geschwindigkeit, Speichergröße) gelang es nunmehr, den Rechner als Informationsspeicher mit unmittelbarer Auskunftsfunktion zu nutzen. Teilnehmerrechensysteme konnten jetzt parallel mehreren Nutzern dienen, so daß auch umfangreiche Berechnungen im Dialog und - was entscheidend ist - bei aktuellem Bedarf möglich wurden. Bei ungenügender Auslastung durch Bildschirmnutzer wurde die Anlagenkapazität durch sogenannte "Hintergrund-Stapelprogramme" in herkömmlicher Anwendungsform verwendet.
Eine zweite, durch die Fortschritte der Mikroelektronik ermöglichte Richtung ist die Entwicklung von Arbeitsplatzcomputern. Der reduzierte Platzbedarf, die erhöhte Zuverlässigkeit und die verringerten Klimaforderungen schufen wichtige Voraussetzungen für den Einzug des Computers in das Konstruktionsbüro und die Fertigungshallen. Beides - der Zentralrechner mit großen Dateien und der Möglichkeit der direkten Nutzung im Dialog sowie der Arbeitsplatzcomputer - sind jedoch nur zwei unterschiedliche Formen ein und derselben Tendenz, der Tendenz der Dezentralisierung der Computer-

nutzung. Ihre vollkommenste Form erreicht sie dort, wo in Rechnernetzen Computer unterschiedlicher Leistungsklassen verbunden sind und im Bedarfsfall vom Arbeitsplatzcomputer der Zugriff zu den zentral geführten Datenbeständen gewährleistet werden kann.
Die Befürchtung, daß die Entwicklung leistungsfähiger kleiner Massenspeicher für Arbeitsplatzcomputer die Zentralrechner überflüssig machen könnte, ist schon deshalb grundlos, weil eine Dezentralisierung der Datenhaltung unter anderem die Gefahr des Arbeitens mit nicht aktuellen Beständen heraufbeschwören würde.
Auf eine spezielle technische Entwicklung der jüngeren Vergangenheit, die grafischen Peripheriegeräte, soll noch etwas näher eingegangen werden. Das Denken der Ingenieure, besonders der Konstrukteure, basiert in starkem Maße auf grafischen Informationen, z.B. Zeichnungen und Skizzen. Sie repräsentieren eine hohe Informationsverdichtung, wie sie durch verbale oder numerische Verschlüsselung nicht erreicht werden kann. Grafische Displays (Bildschirme, die nach dem Vektor- oder Rasterprinzip arbeiten), automatische Zeichen- und Digitalisiergeräte schufen erst die Voraussetzung dafür, daß der Computer zum eigentlichen Helfer des Konstrukteurs wurde. Von rechnergestützter Fertigungsvorbereitung oder CAD sollte man daher erst dann sprechen, wenn der Rechner ständig in die tägliche Ingenieurarbeit integriert ist. Dadurch aber wird ein bestimmtes Rechenprogramm nicht mehr nur wenige Male, sondern hundert- und tausendfach benutzt. Gegenüber der Beherrschung des nun einsetzenden Datenstroms tritt das Programm in den Hintergrund. Es ist einleuchtend, daß die grafische Darstellung von Ergebnissen einer Berechnung übersichtlicher und rationeller ist als ein Stapel von Drucklisten.
Daß mit Rechnern, die über grafische Peripherie verfügen, technische Zeichnungen entworfen und leicht verändert werden können, ist hinlänglich bekannt. Der ökonomische Effekt ist außergewöhnlich hoch, weshalb zu Recht gegenwärtig dieses Einsatzgebiet hervorgehoben wird. Aber auch hier gilt, daß die Zeichnung mittels Computer an vorhandene Denkweisen gebunden ist. Der Ingenieur kann zunächst schneller arbeiten - mehr nicht! Es deutet sich jedoch bereits an, daß die nächsten Entwicklungsstufen dieser Technik völlig neue Vorgehensweisen in der Ingenieurarbeit mit sich bringen. Sie lassen sich unter dem Begriff der Computersimulation fassen. Darunter soll die Modellierung von Erzeugnissen und technischen Vorgängen im

Rechner bis hin zur grafischen Darstellung des Verhaltens noch nicht realisierter Objekte verstanden werden. Das "Durchspielen" von Entscheidungsvarianten am Bildschirm vermag die Kreativität und Intuition des Ingenieurs erheblich zu fördern. Hier ist es angebracht, von einer "Intelligenzverstärkung" zu sprechen. Natürlich bringt eine solche Entwicklung neuartige Probleme mit sich. So gilt es z.B. zu ergründen, wie Fehler in den Modellen und Programmen erkannt und ihre Auswirkungen erfaßt werden können. Problematisch ist auch, daß mit fremdem Wissen oftmals als "black box" gearbeitet werden muß. Das impliziert die Gefahr, dieses Wissen auf Gebieten einzusetzen, für die es nicht gedacht war. Deshalb hat die Bewertung der Resultate durch den Menschen, ihre logische Kontrolle und ihre Überprüfung durch das Experiment eine wachsende Bedeutung. Zugleich lassen sich aber Experimente konzentrierter durchführen, der "Schwachpunkt" läßt sich computergestützt eingrenzen. Im Abschnitt III.3. soll auf diesen Sachverhalt näher eingegangen werden.

Eine zentrale Frage ist die nach der Einordnung zukünftiger Wissensbasen und Expertensysteme. Sie stellen ein Mittel dar, konjunktive (Wenn-Dann)-Beziehungen im komplizierten Systemen herzustellen und dem Menschen nutzbar zu machen. Hier treffen zwei unterschiedliche Richtungen aufeinander: Soll man dieses verborgene Regelwerk zwischen Input und Output eines Systems als ein mit bestimmter Wahrscheinlichkeit auftretendes Ereignis erfassen oder soll man besser die innere Struktur, die Gesetzmäßigkeiten aufdecken und modellieren? Beide Wege sind richtig, aber der Einsatz von Expertensystemen in der Medizin, wovon noch die Rede sein wird, wie auch die Entwicklung einiger Disziplinen der Technikwissenschaften zeigen, daß große Systeme immer unscharf, d.h. ihre Parameter nur in großen Grenzen ermittelbar sind.

Im Zusammenhang mit diesen und anderen technisch-technologischen und wissenschaftsspezifischen Problemen, Voraussetzungen und Entwicklungstrends der rechnergestützten Ingenieurarbeit erweisen sich jene als entscheidend, die ihre umfassende und breite Nutzung mit hoher Effektivität ermöglichen. Der sozialistische Gesellschaftsorganismus bietet dafür insofern alle Voraussetzungen, da er die für diese Produktivkräfteentwicklung notwendigen Produktionsverhältnisse schafft. Der gesellschaftliche Charakter der Produktion und die gesellschaftliche Aneignung ihrer Ergebnisse stimmen

überein. Im Gegensatz zum Kapitalismus ist der Antagonismus dieses dialektischen Widerspruchs überwunden, seine Triebkraftfunktion kann voll zur Wirkung gebracht werden. Das heißt, die sozialistischen Produktionsverhältnisse sind nicht schlechthin ein bloßer Entwicklungsrahmen der sich stürmisch entwickelnden Produktivkräfte. Sie müssen und können in ihrer objektiven Dynamik zur rechten Zeit bewußt entwickelt, vervollkommnet und auf das notwendig höhere Niveau gehoben werden. Das ermöglicht, die Wissenschaft eng mit der Produktion zu verbinden und einen Zeitgewinn bei der Einführung von Schlüsseltechnologien zu erreichen, was Kraftgewinn für den Sozialismus und die Sache des Friedens bedeutet /1/.
Indem im Sozialismus die Gestaltung der gesellschaftlichen Entwicklung nicht nur "nach einem Gesamtplan", sondern auch "mit Gesamtwillen" /2/ vollzogen wird, sind die Werktätigen nicht nur Objekt des Prozesses der wissenschaftlich-technischen Revolution, sondern vor allem dessen Subjekt. Das bedeutet eine bisher nicht gekannte massenhafte Herausforderung an das gesellschaftliche und individuelle Subjekt. So erfordern neue technische und technologische Lösungen u.a. einen gnoseologischen Vorvollzug durch den Ingenieur und Technikwissenschaftler, was strenge Wissenschaftlichkeit verlangt und eine nur phänomenologische Beschreibung ausschließt.
Das verlangt zugleich die Einsicht, daß es sich beim rechnergestützten Arbeiten, insbesondere auch bei CAD/CAM, nicht um eine Modeerscheinung handelt, die mehr oder weniger zufällig zustande gekommenen subjektiven Überlegungen entspricht, sondern um einen objektiv notwendigen Prozeß. Diese objektive Notwendigkeit resultiert sowohl aus der Dialektik der sozialistischen Produktionsweise als auch aus der relativen Eigengesetzlichkeit der Entwicklung von Wissenschaftsdisziplinen und Technikbereichen und selbstverständlich nicht zuletzt aus den objektiven Erfordernissen des Wettstreits beider Weltsysteme.
Die Berücksichtigung dieser Zusammenhänge ist unter anderem eine Voraussetzung für die Erkenntnis, daß dem Reproduktionsprozeß eines jeweiligen Betriebes aufgepfropfte Lösungen, "Insellösungen" jeglicher Art, nur einen Bruchteil des möglichen Erfolges sichern. Die tatsächliche Integration in den gesamtbetrieblichen Prozeß aber verlangt ein prinzipiell neues Verhältnis zur Theorie /3/. Ohne tiefgründige, theoretisch fundierte Analyse, ohne wissenschaftlich-theoretische Durchdringung des eignen Tätigkeitsberei-

ches ist eine erfolgreiche Einordnung des rechnergestützten Arbeitens nicht möglich. Vorarbeiten zur Automatisierung offenbaren nicht selten gerade in dieser Hinsicht einen beachtlichen Nachholebedarf.
In wachsendem Maße wird es notwendig und möglich, bisherige Einsatzgrenzen rechnergestützter Arbeit zu überschreiten und diese umfassend zu nutzen. Sie in ihrer Breite und Vielfalt tiefergehend wissenschaftlich zu beherrschen und zu gestalten, schließt die Fähigkeit ein, CAD/CAM-Prozesse in ihrer möglichen Komplexität wissenschaftlich abzubilden. Die Kenntnis und Nutzung einer großen Palette mathematischer, natur-, technik- und gesellschaftswissenschaftlicher Erkenntnisse und Theorien ist dafür unabdingbar. Die rechnergestützte Modellierung von Vorgängen, die allein für die flexible Automatisierung bedeutsam sind, erfordert in besonders hohem Maße die zielgerichtete Widerspiegelung der w e s e n t l i c h s t e n Seiten sehr komplexer vorhandender oder erst zu schaffender technischer Objekte. Das aber verlangt immer stärker die Kenntnis aller in derartigen Objekten wirkenden gesetzmäßigen Zusammenhänge. Die Größe des Nutzens von komplizierten mathematischen Modellen zum Beispiel, die in numerischen Experimenten Anwendung finden, hängt u.a. vom Grad solcher Kenntnis ab. Dem kommt um so größere Bedeutung zu, als gerade davon das Maß der Universalität solcher mathematischer Modelle und der damit verknüpften numerischen Experimente bestimmt wird /4/.
Das dafür notwendige interdisziplinäre Zusammenwirken von Vertretern verschiedener Wissenschaftsdisziplinen ist unter sozialistischen Gesellschaftsverhältnissen kein von Profitstreben diktiertes "Teamwerk", sondern eine spezifische Form sozialistischer Gemeinschaftsarbeit. Als ein Vorzug und Wert des Sozialismus ist sie noch rascher und zielstrebiger zu entwickeln.
Dabei gilt es, stärker das vorhandene Qualifikationsniveau und den Erfahrungsschatz der in der sozialistischen Industriepraxis tätigen Hoch- und Fachschulkader zu nutzen. Vergleiche mit internationalen Spitzenwerten weisen aus, daß der schöpferische Anteil der dort tätigen Ingenieure noch zu wenig ist. Hier liegt eine nicht zu unterschätzende Reserve für eine effektivere Nutzung des materiellen und geistigen Potentials für die intensiv erweiterte Reproduktion zur Beschleunigung des wissenschaftlich-technischen Fortschritts.

Aus der Fülle der Anwendungsmöglichkeiten rechnergestützten Arbeitens in der Ingenieurtätigkeit soll über diese spezifische Applikation hinausgehend, das Gebiet der Medizin tangierend betrachtet werden.
Auch die Medizin wird in den nächsten Jahren und Jahrzehnten durch die zunehmende Anwendung des rechnergestützten Arbeitens, durch die Entwicklung der medizinischen Informatik beachtliche Impulse erhalten. Leistungsfähige Informations- und Kommunikationssysteme werden zu einer wesentlichen Veränderung des Charakters medizinischer Arbeit führen. Der Einsatz von Forschungsergebnissen zur künstlichen Intelligenz wird in seinen Auswirkungen und Einsatzmöglichkeiten in einer bislang noch nicht ausreichend charakterisierbaren, aber dennoch sehr beachtlichen Weise zur Qualifizierung ärztlicher Entscheidungsfindungen beitragen. Bereits heute bietet die Rechentechnik vielfältige Möglichkeiten der Anwendung mathematischer Algorithmen zur Unterstützung des ärztlichen Entscheidungsprozesses. Beispielsweise werden zur Auswertung und Entscheidungsvorbereitung in der klinischen Laboratoriumsdiagnostik statistische Verfahren (Likelihood-Quotienten-Verfahren, BAYES-Theorem, Diskriminanzanalyse) eingesetzt. Im Rechner kann man nicht nur das in Nachschlagewerken niedergelegte Wissen jederzeit abruf- und einsetzbar speichern, sondern sogar "verborgenes" Wissen, das aus den Erfahrungen vieler Experten hervorgeht. Jeder Arzt sammelt ja stets auch Erfahrungen ganz persönlicher Art, die keinen Niederschlag in den speicherbar formulierten Verhaltens- und Entscheidungsregeln finden. Das geschieht nicht deshalb, weil der Fachmann dieses Wissen für sich behalten möchte. Er kann dieses Wissen oftmals gar nicht mitteilen, weil er sich dessen selbst noch nicht voll bewußt ist. So mancher erfahrene Arzt kennt diese Situation. Er gibt z.B. zutreffende Spontandiagnosen, deren nachträgliche verbale Begründung ihm jedoch Schwierigkeiten bereitet. Dieses Phänomen ist unter der Bezeichnung "Blickdiagnose" bekannt. Bestimmte Krankheiten manifestieren sich beispielsweise in einem ganz charakteristischen Gesichtsausdruck oder in einem ganz bestimmten Bewegungsablauf der Gliedmaßen, so daß die Zeit, in der der Patient das Sprechzimmer des Arztes betritt, ausreicht, eine solche Spontandiagnose zu stellen. Läßt man nun den Rechner solche konkreten Fälle analysieren und gibt ihm zugleich auch die Diagnosen verschiedener Experten für eben diese Fälle zum Vergleich ein, dann

ist es bei einer hinreichend großen Zahl von Fällen möglich, dieses "verborgene" Wissen der Experten aufzuspüren und bei vorhandener Lernfähigkeit des Algorithmus auch in die Entscheidungsunterstützung des Arztes einzubringen. So gelangt man zu hochleistungsfähigen Expertensystemen.

Grundvoraussetzung für eine effektive Anwendung von Rechnersystemen im diagnostischen Entscheidungsprozeß ist die Anwenderfreundlichkeit solcher Systeme /5/. Die Basis für eine erfolgreiche Durchsetzung moderner Informationstechnologien in den medizinischen Wissenschaften ist dann gegeben, wenn Arzt und Informatiker zur konkreten Zusammenarbeit bei der Entwicklung von diagnoseunterstützenden Systemen finden. Dem Arzt stehen zur Unterstützung seiner Entscheidung Informationsverarbeitungssysteme unterschiedlichen Entwicklungsstandes zur Verfügung, einfache diagnostische Algorithmen, Datenbanksysteme, Expertensysteme. Die Praxiswirksamkeit dieser Systeme wird neben der Leistungsfähigkeit der Algorithmen und den Zeitaufwendungen vor allem dadurch bestimmt, ob sie für den Arzt akzeptabel sind.

Hochentwickelte mathematische Modelle und eine durchaus geeignete Wissensrepräsentation und rechentechnische Basis führen oft zu Rechnerentscheidungen, die denen des herkömmlich arbeitenden Arztes gleichen. Im Einzelfall sind jedochschwerwiegende Fehler möglich, die der Arzt durch Informationen vermeiden kann, die dem Rechner nicht verfügbar sind. Der Arzt wird deshalb eine rechnergestützte Entscheidungshilfe zur Beratung und Konsultation nutzen, nie aber dem Rechner selbst die Entscheidung überlassen und nie das Entscheidungsergebnis völlig kritiklos übernehmen. Er wird auch immer die Tragweite seiner Entscheidung für den Patienten, z.B. bei der Diagnose "Krebs", berücksichtigen. Die Tragweite der diagnostischen Entscheidung bestimmt sein Entscheidungsverhalten insbesondere dann, wenn die Diagnose noch nicht hinreichend gesichert werden konnte. Bei der Nutzung einer rechnergestützten Entscheidungshilfe müssen deshalb in jedem Entscheidungsschritt alle mit den entsprechenden Einflußfaktoren verbundenen Möglichkeiten in Betracht gezogen werden. Gegebenenfalls müssen mehrere Entscheidungsvarianten angestrebt werden.

Für den Arzt ist es des weiteren wichtig, daß die von einem solchen System getroffenen Entscheidungen erklärt und verständlich dargestellt werden. Ferner sollte eine rechnergestützte Entscheidungshilfe so gestaltet sein, daß neue Erkenntnisse, neue Regeln

in die bestehende Struktur eingebaut werden können bzw. eine Anpassung des neuen Wissens an eine schon vorhandene interne Struktur erfolgen kann.
Das betreffende System muß außerdem eine hohe Dialogfähigkeit aufweisen. Für den Arzt ist es unumgänglich, mit dem System zu kommunizieren. In der Praxis setzt der Arzt die Existenz der Programme und Wissensbasen voraus und will das System ohne Kenntnis der programmtechnischen und datentechnischen Details nutzen. Die Universalität und Flexibilität des Dialogsystems interessiert ihn dabei nicht vordergründig. Neben den Anforderungen an den Datenschutz und die Zugriffssicherheit genügt ihm ein problemangepaßtes zuverlässiges kleines Dialogsystem und ein einfacher, schneller Zugriff zu den Dateien mit möglichst wenigen Handgriffen und mit niedriger Irrtumsanfälligkeit. Zweckmäßig erscheint eine feste Bildschirmdarstellung, die eine hohe Übersichtlichkeit für ein- bzw. auszugebende Daten gewährleistet, eine Unterstützung bei der Überprüfung der Sinnfälligkeit der einzugebenden konkreten Werte und eine einfache Anregung von Programmen. Ein solcher Dialogbetrieb ist mit minimalem Zeitaufwand, möglichst mit natürlicher Sprache und mit einfachem Zugang zum System (also mit arbeitsplatzbezogener Rechentechnik, mit Bildschirmterminals am Arbeitsplatz des Arztes) zu realisieren.
Selbstverständlich spielt auch die Anwendungsbreite des Systems für den Arzt eine große Rolle. Schließlich darf auch die emotionale Komponente nicht übersehen werden. Das System darf dem Arzt nicht aufgezwungen werden. Er sollte vielmehr an der Konzipierung wesentlicher Komponenten aktiv beteiligt sein und frühzeitig mit dem System selbständig arbeiten /6/.
Die Dialogkomponente ist zusammen mit der direkten Systemverfügbarkeit am Arbeitsplatz das entscheidende Element; der Arzt muß ein seinen Entscheidungsprozeß unterstützendes Informationssystem akzeptieren und in seinen Arbeitsprozeß integrieren. Rechnergestütztes dialogorientiertes Arbeiten im ärztlichen Entscheidungsprozeß erfordert zwei Vorgehensweisen. Einerseits wird der Arzt durch das System geführt. Damit wird gewährleistet, daß weitgehend alle Aspekte der Diagnosefindung berücksichtigt werden. Andererseits muß das aktive Eingreifen in den Dialog möglich sein. Damit wird gewährleistet, daß Zwischenergebnisse genutzt, interpretiert und in gezielter Weise in den weiteren Entscheidungsprozeß einfließen können. Auch ist damit der Abbruch des Dialogs mit dem System gegeben,

wenn das erreichte Zwischenergebnis zur Diagnosefindung ausreicht. Der Arzt ist, auch in Abhängigkeit vom Charakter des Prozesses der Diagnosefindung, ein vornehmlich visuell arbeitender Typ. Demzufolge sind graphische Elemente im Dialog wichtige Hilfsmittel zur Dialogführung und Ergebnisinterpretation.
Erfüllen rechnergestützte Entscheidungshilfen in Form diagnostischer Algorithmen, der Datenbanksysteme oder Expertensysteme die Bedingungen für eine Akzeptanz durch den Arzt, stellen sie wirkungsvolle und effektive Mittel für eine rasche und sichere Diagnosefindung dar.
Stellen wir uns nun die Frage, was die Philosophie bei der Lösung solcher interdisziplinärer Aufgaben auf den besprochenen Wirkungsfeldern einzubringen vermag, so sei in diesem Rahmen zumindest auf folgendes aufmerksam gemacht:
Dem Wesen der marxistisch-leninistischen Philosophie entspricht es, übergreifende Sachverhalte durchschaubar zu machen, diesbezügliche erkenntnistheoretisch-methodologische Lösungen und weltanschaulich-ideologische Orientierungs- und Entscheidungshilfen aufzubereiten und anzubieten. Indem sie das Bewußtsein über die allgemeinen Bewegungs-, Entwicklungs- und Strukturgesetze der Natur, der Gesellschaft und des Denkens einzubringen hat /7/, ist sie nicht nur die philosophische Grundlage für jede einzelwissenschaftliche Tätigkeit, sondern unverzichtbar für alle interdisziplinäre Gemeinschaftsarbeit. Allein die materialistische Dialektik birgt mit ihrem Kategoriengefüge einen schier unerschöpflichen erkenntnistheoretischen-methodologischen Fundus, auch das Bedingungen- und Wirkungsgefüge der modernen Rechentechnik und damit verbundener und weiterzuentwickelnder CAD/CAM-Lösungen aufzuspüren, zu formulieren und zu realisieren. Außerdem lassen sich mit dieser ständig zu übenden Denkweise neuartige Entwicklungstrends besser und schneller prognostizieren, ohne Gefahr zu laufen, dem Weltstand auf diesem Gebiet ständig theoretisch und praktisch "nacheilen" zu müssen. Zudem bedarf es wohl keines Beweises, von welch großem Vorteil es ist, wenn der Ingenieur oder der Arzt seinem fachspezifischen Schaffen solche philosophischen Denkinhalte immanent abfordern und hinterfragen" kann. Nicht minder gilt es für die Philosophen und Gesellschaftswissenschaftler den Erkenntnisreichtum auch der modernen Technikwissenschaften mit ihren Problemlösungen kontinuierlich philosophisch zu verarbeiten und diesen lebendig sprudelnden Quell für den Erkenntniszuwachs in der marxistisch-leninistischen Philosophie zu nutzen.

Literatur:

/1/ Vgl. Hager, K.: Referat auf der Konferenz leitender Kader des Hochschulwesens, in "Neues Deutschland" v. 1.7.1986, S. 4.

/2/ Engels, F.: Brief an W. Borgius, in: MEW, Bd. 39, S. 206.

/3/ Krauß, M.; Herling, E.; Lutze, H.: Entwicklungstendenzen und Lösungen bei der bedienarmen automatisierten Fertigung kleiner und mittlerer Serien in der Metallbearbeitung, in: WZ der TH Karl-Marx-Stadt, Heft 6/ 1984, S. 761 - 783.

/4/ Samarski, A. A.: Moderne angewandte Mathematik und numerisches Experiment, in: WZ der TH Karl-Marx-Stadt, Heft 2/ 1985, S. 181.

/5/ Schmidt, J.; Lindner, H.: Entwicklungstendenzen und -probleme des wissenschaftlich-technischen Fortschrittes in der Medizin, Humanitas, Heft 22/ 1985, S. 9.

/6/ Magnus, K.: Arzt und Patient im Spannungsfeld von Medizin und Technik: eine Ortsbestimmung, Electromedica, Heft 3/ 1985, S. 105 - 112.

/7/ Vgl. Mocek, R.: Gedanken über die Wissenschaft, Berlin 1980, S. 30.

III.3. Künstliche Intelligenz in CAD/CAM-Systemen und schöpferische Ingenieurarbeit

Die Entwicklung von CAD/CAM-Systemen und die neuartigen Prozesse ihrer Anwendung und Nutzung führen naturgemäß dazu, die Frage nach dem Schöpfertum in der menschlichen Arbeitstätigkeit zu stellen und befriedigende Antwort darauf zu erwarten. Das ist - namentlich bezogen auf die Ingenieurtätigkeit - nichts außergewöhnliches. Die Geschichte der Technik und der Technikwissenschaften belegt eindrucksvoll, daß mit der Entwicklung und dem industriellen Einsatz neuer Werkzeuge, Werkstoffe, Technologien usw. stets Fragen nach der Entwicklung bzw. Veränderung der Arbeitsinhalte, des Charakters der Arbeit und der Kreativität des Menschen verbunden waren. Das wird im gesellschaftlichen "Stoffwechselprozeß" des Menschen mit der Natur immer so sein. Mehr noch, die Fragen nach dem Verhältnis von Mensch und Schöpfertum stellen sich als objektiver, sich verändernder dialektischer Widerspruch mit jeder gravierenden, qualitativ neuen Technik und Technologie in veränderter Konstellation von neuem. Mit dem Sozialismus vor allem deshalb in zunehmendem Maße, weil mit ihm "die volle Entwicklung des Individuums (beginnt), die selbst wieder als die größte Produktivkraft zurückwirkt auf die Produktivkraft der Arbeit" /1/.
Menschliche Arbeit als bewußte, zweckmäßige, zielgerichtete Tätigkeit zur gegenständlichen Veränderung der Natur und der gesellschaftlichen Verhältnisse ist ohne Schöpfertum als grundlegendes Element dieser Tätigkeit gar nicht möglich. Alles, was bei der praktischen und theoretischen Aneignung der objektiven Realität durch den Menschen seine Beherrschung von Objekten und Prozessen auf neue Art und Weise möglich macht, ist eigentlich schöpferisch /2/.
CAD/CAM-Prozesse als Prozesse der Anwendung und Nutzung in der alltäglichen Ingenieurarbeit, bei der Produktionsvorbereitung und -durchführung, stellen einen qualitativen Sprung gegenüber der herkömmlichen "computerlosen" Tätigkeit der Ingenieure und Technikwissenschaftler dar. Dadurch ausgelöste provokative Fragen sind Bestandteil progressiver wissenschaftlicher Skepsis und haben mit passivem Skeptizismus nichts gemein. So ist es zunächst durchaus legitim zu fragen, ob CAD/CAM-Prozesse in der Ingenieurtätigkeit zur Sinnentleerung der Arbeit des Ingenieurs führen? Läßt die in

Cad/CAM-Systemen vergegenständlichte künstliche Intelligenz die natürliche Intelligenz des Menschen verkümmern? Wird der Mensch durch damit verbundene technologische Zwangsläufe nicht in die Rolle eines "Hilfsbutlers" des Computers gedrängt, statt sein Beherrscher zu sein?
Büßt der Mensch, namentlich der Ingenieur, durch diese neue Technik an Kreativität ein oder erfährt sie gerade dadurch eine Potenzierung? Wissenschaftlich begründeter Optimismus oder hemmende Fortschrittsfeindlichkeit sind bekanntlich nicht aus Fragestellungen allein, sondern aus deren Beantwortung abzuleiten. Sicherlich können bei der Kompliziertheit des Sachverhaltes die Antworten nicht apodiktisch alternativ ausfallen. Hinzu kommt, daß mit dem gegenwärtigen Entwicklungsstand vielfältig anwendbarer CAD/CAM-Systeme erst der Anfang gemacht ist und die relativ geringen Erfahrungen bezüglich ihrer sozialen Wirkungen eine zu schmale Basis bilden, um sie ausreichend verallgemeinern zu können.
Bisherige Untersuchungen der Entwicklung, des praktischen Einsatzes und der Arbeit mit CAD/CAM-Systemen z.B. in der Chemieindustrie, im Maschinenbau, bei flexiblen automatisierten Fertigungssystemen, in der Medizin und im Verkehrswesen /3/ erlauben dennoch, erste relativ sichere Aussagen und Schlußfolgerungen.
Der Hauptinhalt jeder Ingenieurtätigkeit war, ist und bleibt untrennbar mit Schöpfertum verbunden. Die hauptsächliche Form der Aneignung seiner natürlichen und sozialen Umwelt und die Vergegenständlichung seiner Wesenskräfte vollzieht der Ingenieur ja gerade in den Tätigkeiten Entwerfen, Vergleichen, Gestalten und Bewerten. Dies jedoch nicht in der genannten Reihenfolge, sondern in innerer dialektischen "Verwobenheit" dieser Aneignungsweisen. "Die Natur baut keine Maschinen ... Sie sind Produkte der menschlichen Industrie; natürliches Material, verwandelt in Organe des menschlichen Willens über die Natur oder seiner Betätigung in der Natur. Sie sind von der menschlichen Hand geschaffene Organe des menschlichen Hirns; vergegenständlichte Wissenskraft" /4/. Die Schaffung von Technik setzt immer die geistige Vorwegnahme, die Schaffung des künstlichen Modells, des ideal gesetzten inneren Bildes des zu Schaffenden voraus. Das haben auch die Ingenieure vergangener Generationen stets so gehandhabt. Sie beschrieben ihre zu schaffende oder geschaffene technische Umwelt in häufig recht einfachen "Faustformeln" und versuchten, den damit nicht zu bewältigenden

"Rest der Welt" mit gesundem Menschenverstand zu fassen. Während beispielsweise um 1900 für den Bau moderner Maschinen, wie Turbinen, Verbrennungsmotore usw. sorgfältige Zeichnungen und wissenschaftliche Berechnungen die Regel waren, beschäftigte sich die Wissenschaft kaum mit den physikalischen Vorgängen beim Bearbeiten von Werkstücken auf Werkzeugmaschinen. Zwar wurde im Werkzeugmaschinenbau in Konstruktion und Herstellung Bedeutendes geleistet, aber "bar jeder sicheren Kenntnis der Spanbildung und der bei ihr auftretenden Kräfte ... Man war weitgehend auf Schätzungen, Verhältniszahlen und dergleichen angewiesen und rechnete fast nichts" /5/.

Die Vorgehensweise des Ingenieurs und Technikwissenschaftlers bei der Kreation von technischen Gebilden und Verfahren ist insofern immer doppelt gesellschaftlich determiniert. Zum einen ist sie abhängig von den Entwicklungsbedingungen der jeweiligen Epoche bzw. Etappe des Gesellschaftszustandes; zum anderen durch die relative Eigengesetzlichkeit der Technikentwicklung. Mit jedem gesellschaftlichen und technischen Fortschritt erfährt sie ihre spezifische Modifikation. Der Ingenieur der Jahrhundertwende wußte, daß seine Formel zur Spannungsberechnung in einem Bauteil ungenau war. Er kompensierte diesen Mangel durch überdimensionierte Sicherheitsfaktoren. Heute ist das weder mehr möglich noch notwendig. Aus der Fülle realisierbarer Möglichkeiten muß der Ingenieur von heute vor allem jene "Komposition" schaffen, die nicht irgendwie funktioniert, sondern als technisches Element, Gebilde, Verfahren usw. den Gesetzmäßigkeiten der Wechselwirkung von Natur, Mensch und Gesellschaft am besten entspricht. Die Auswahl und Entscheidung der zu realisierenden, technisch umsetzbaren Möglichkeiten muß aus einer Vielzahl von Varianten gefunden werden, die in den Möglichkeitsfeldern von wissenschaftlich Möglichem, technisch Realisierbarem, ökonomisch Vertretbarem und human Verantwortbarem liegen. Derartige Entscheidungen sind demnach nicht durch technische Sachzwänge eindimensional determiniert, sondern in ihrer Variantenvielfalt und -breite Ausdruck der hohen Verantwortung und Gradmesser der konkreten Freiheit, die der Ingenieur wahrnimmt und zur Erweiterung des Freiheitsgewinns der Gesellschaft bewußt schöpferisch gestaltet. Wenngleich eine solche Vorgehensweise für jeden technikwissenschaftlichen Schaffensprozeß in gradueller Abstufung typisch ist, wird die Beherrschung dieser Dialektik besonders dort dringlich,

wo schnellaufende Maschinen, dünnwandige Konstruktionen, miniaturisierte Schaltkreise u.a. sowie flexible Automatisierunglösungen eine möglichst genaue Modellierung erzwingen. Ohne Computer wären die Grenzen des Schöpfertums des Menschen dafür insofern gesetzt, weil ein computerloses Erfassen, Aufbereiten, Verarbeiten und Verwerten der dafür notwendigen Datenmengen eine große Zahl von gebildeten Menschen langzeitig an eine solche Aufgabe binden würde, was ökonomisch unsinnig und zudem ihrer Persönlichkeitsentwicklung abträglich wäre. Zu jeder Zeit gelang es den Menschen, immer diejenigen Werkzeuge zu schaffen, mit deren Hilfe sie die Grenzen ihrer eigenen Leistungsfähigkeit überschreiten konnten. Mit dem Computer und den durch ihn möglichen CAD/CAM-Prozessen hat sich der Mensch ein seine Intelligenz verstärkendes "denkendes Werkzeug" oder ein für ihn "werkendes Denkzeug" geschaffen, welches in der Einheit von quantitativen und qualitativen Momenten sein Schöpfertum ungeahnt erweitert. In quantitativer Hinsicht gibt er dem Menschen Unterstützung im Sinne einer - bisher unvergleichbaren-Beschleunigung des Arbeitsprozesses. Die umfangreich anfallenden Informationen in der Ingenieurarbeit (grafische, verbale, numerische - künftig tabellarisch zusammengefaßt - u.a. Formen) lassen sich besser und schneller speichern, auswerten und weiterverarbeiten.
Computergestützte Verfahren gestatten zwar, bequem große Datenmengen auszuwerten, aber sie verlangen auch, daß entsprechend umfangreiche Datenmengen zur Verfügung stehen. Deren systematische Gewinnung und ständige Aktualisierung ist eines der Kernprobleme bei der Computernutzung. Erst die Zusammenfassung in wenigen, aussagefähigen Daten (oder Grafiken) gibt Aufschluß über den in der Datenvielfalt verborgenen Inhalt.
Damit wird in gewisser Weise bereits die qualitative Wirkungsrichtung von CAD/CAM erreicht. Der Computer gestattet es, ein höheres wissenschaftliches Niveau in viele technische Prozesse zu tragen. Mathematische Modellierung und Computersimulation gestatten prognostische Aussagen, noch ehe ein Erzeugnis gebaut ist.
Für die bisherige Ingenieurausbildung war typisch, daß sich der Student während des Studiums ein relativ breitgefächertes und umfangreiches Wissen erwarb, welches nach dem Studium in der Industriepraxis entsprechend seiner spezifischen Tätigkeit auf relativ schmalem Gebiet stark vertieft wurde. Das führte zwangsläufig dazu,

daß ein großer Umfang des Wissens der Absolventen ziemlich rasch zu passivem Hintergrundwissen wurde. Durch fehlendes Training bestimmter Verfahren im Detail ging auf diese Weise ein wesentlicher Bestand der in den natur- und technikwissenschaftlichen Grundlagenflächen erworbenen Erkenntnisse verlustig und mußte im Bedarfsfall erneut mühsam angeeignet werden.
So ergibt sich derzeit folgender Widerspruch: "Global" beherrschtes Wissen führt bei notwendiger Anwendung nicht zur möglichen Effektivität, weil es am Detailwissen mangelt. Schon die gegenwärtig im Einsatz befindlichen CAD-Systeme führen bereits zu einer solchen "Intelligenzverdichtung", die eine Lösung des genannten Widerspruchs ermöglichen. Der Computer - selbst Ausdruck und Ergebnis der imposanten menschlichen Kreativität - ermöglicht, die Grenzen der Leistungsfähigkeit des menschlichen Gehirns zu überschreiten. Er befreit den Menschen von entnervender routinemäßiger logischer Durchdringung vielparametrischer Systeme, die heute weder einzeln noch kollektiv so zuverlässig und schnell zu bewältigen wäre.
Der Mensch überträgt nunmehr sein "inneres Modell", seine Konstruktionsidee, in den Computer und nutzt ihn durch variierende Eingaben zur schrittweisen Optimierung der gewünschten Struktur. Eben darin liegt ein Vorzug des Computereinsatzes: das Detail bringt der Rechner, der Mensch steuert, er muß den globalen Anschluß, die Schnittstellen beherrschen und auf auftretende Schwachstellen von Algorithmen in Ausnahmesituationen vorbereitet sein. Das trifft auf Verfahren der Computergrafik ebenso zu wie auf Berechnungen und die Informationsbereitstellung.
Erste Erfahrungen bei der Computernutzung zeigen, daß im Vergleich mit dem "computerlosen Arbeiten" der Anteil des Schöpferischen wesentlich zunimmt. Der Mensch setzt im Dialog relativ kleine Lösungsmoduln ein, deren Wirkungsweise er überblickt. Indem somit die "Mühen des Details" zurückgedrängt werden, gewinnt der Mensch geistige Freiräume, die er sinnvoller und besser nutzen kann, indem er neue Suchräume ausfindig macht und neuartige Lösungsstrategien entwickelt. Das verschafft schneller Erfolgserlebnisse und die Freude an der Arbeit und ihren Ergebnissen, als immanente Voraussetzung und Bedingung für Schöpfertum, nimmt zu. CAD/CAM-Prozesse entlasten den Menschen zwar im Prozeß des Entwurfs, der Konstruktion und Fertigung, sie entlassen ihn jedoch nicht daraus. Er ist und bleibt Beherrscher, Steuerer dieser Prozesse, selbst unter den Bedingungen zunehmender Leistungsfähigkeit des Computers. Der

Schritt von der Datenverarbeitung zur Wissensverarbeitung wird in nicht allzu ferner Zukunft vollzogen sein. Grundsätzliche Leistungsgrenzen künftiger intelligenter Systeme sind nicht absehbar. Die Weiterentwicklung dieser "Denkzeuge", die den menschlichen Intellekt bei spezifischen Problemlösungen übertreffen, wird in erster Linie die Aufgabe von Spezialisten sein, deren Schöpfertum besonders herausgefordert ist.
In diesem Sinne bietet die Software-Entwicklung ein spezifisches Möglichkeitsfeld für die Entfaltung von Schöpfertum in bisher nicht gekannter Dimension. International wird gegenwärtig auf diesem Gebiet ein großes kapazitives Defizit konstatiert. Die Erarbeitung der Software für CAD/CAM verlangt in höherem Maße als bisher die gründliche Beherrschung mindestens zweier Fachgebiete und zudem die ausgeprägte Bereitschaft und Fähigkeit zu interdisziplinärer Arbeit. Das schließt die Fähigkeit ein, die Ergebnisse und Erkenntnisse anderer Wissenschaften und Wissenschaftsdisziplinen zur Kenntnis zu nehmen und sachkundig zu verwerten, um sie disziplinspezifisch zu selektieren, zu modifizieren und zu transformieren. Arbeit an und mit Software ist außerdem mit einem hohen moralischen Anspruch verbunden. Sie setzt nicht nur solche Eigenschaften wie Fleiß, Ausdauer, wissenschaftliche Kühnheit, Akribie, schöpferische Phantasie und Kritikvermögen voraus, sondern fördert deren Entwicklung erheblich. Nicht zu vergessen dabei ist auch die Zunahme der Verantwortung in diesem spezifischen Tätigkeitsbereich, denn die Lebensdauer von guten Software-Programmen ist höher als die einer Hardwaregeneration. Das birgt die Gefahr in sich, daß durch unzureichende Wartung einer Software das darin enthaltene Ingenieurwissen "erstarrt" und alte Technik und Technologien unverhältnismäßig lange konserviert werden.
Der arbeitsteilige Umgang mit CAD/CAM-Systemen setzt nicht unbedingt beim Anwender die Fähigkeit des Programmierens voraus, wenngleich diesbezüglich Sachkenntnis als Minimum Voraussetzung und als Optimum von Vorteil ist. Von der Softwaregestaltung ist daher zu verlangen, daß die Programme für den Anwender im nötigen Maße transparent sind. Zudem resultieren daraus auch die Bestrebungen, Software so portabel zu gestalten, daß sie mit geringtsmöglichem Aufwand von einem Computertyp auf einen anderen übertragbar ist. Das sozialistische Bildungswesen hat für die Bewältigung dieser Aufgaben einen goldenen Fonds geschaffen, sich künftig mit massenhaft

zu entfaltendem Schöpfertum dieser Herausforderung zu stellen, was nicht ausschließlich auf die Ingenieure beschränkt bleibt. Das mit der zehnklassigen Allgemeinbildung erreichte Niveau hat einen Bildungsvorlauf geschaffen, der aus den genannten Gründen bei Facharbeitertätigkeiten bislang ungenügend genutzt wurde. Das ist u.a. auch ein Grund dafür, daß die junge Generation sich tatendurstig und begeistert dem "Abenteuer CAD/CAM" und anderer Schlüsseltechnologien stellt und schöpferisches Denken und Handeln dabei einbringt. Bei allen damit verbundenen objektiven und subjektiven Problemen muß bedacht werden, daß das Schwierigste bei CAD/CAM nicht die Entwicklung der Software und der Hardware ist, sondern die Einführung in die Praxis. Das bedeutet, einfühlsame, geduldige Arbeit mit dem Menschen und zielstrebige Entwicklung seiner Persönlichkeitswerte. Der sozialistische Gesellschaftsorganismus schafft dafür beste Voraussetzungen.
Das bislang erreichte beeindruckende und sich künftig potenzierende Leistungsvermögen von CAD/CAM-Systemen darf aber nicht zur "Computergläubigkeit" führen. Eine kritische Distanz zum "Dialogpartner" Computer ist vonnöten. Nicht etwa, weil seinen Operationen nicht zu trauen wäre, sondern im Sinne nicht zureichender Modelle, die aus unzureichender Abbildung der objektiven Realität resultieren.
Mit der nicht zu unrecht verbreiteten Auffassung, "Der Computer kann viel, kann fast alles", darf nicht der Glaube einhergehen, daß der Computer alles könne. Ebensowenig wie ein Feuerlöscher Feuer löschen kann, so wenig kann das "Denkwerkzeug" Computer auch tatsächlich denken. Die für sein Funktionieren und seine Funktionen notwendigen Elemente, Parameter und Wirkprinzipien muß der schöpferische Mensch der Natur, der Gesellschaft und der Technik "ablisten" und dementsprechend aufbereiten. Oder anders gesagt: Ein wenig gebildeter, uninteressierter, denkfauler und unschöpferischer Mensch kann mit dem intelligentesten Computer nichts anfangen. In seiner Dialogunfähigkeit säße er wie der Gorilla vor dem Telefon und könnte höchstens Sinnlosigkeiten hervorbringen. Gerade im Sozialismus tragen CAD/CAM-Systeme und -Prozesse dazu bei, " die Reichheit der menschlichen Bedürfnisse und daher sowohl eine neue Weise der Produktion als auch einen neuen Gegenstand der Produktion" entstehen zu lassen, was eine "neue Bestätigung der menschlichen Wesenskraft und neue

Bereicherung des menschlichen Wesens" /6/ zur Folge hat. Dieser Sachverhalt erschließt eine weitere Quelle für das Schöpfertum, nämlich die wachsende Rolle des Experiments im Zeitalter des Computers. Die Fähigkeiten zum Erfassen, Formulieren und Lösen von Problemen mit Hilfe von CAD/CAM entwickeln und realisieren sich in Trial-and-error-Schritten (als Versuch und Irrtum) wesentlich durch das Experimentieren und Kombinieren von Varianten. Auf der Suche nach gesetzmäßigen Zusammenhängen, störenden und "glücklichen" Zufällen, trainiert der Mensch sein Konzentrationsvermögen und "entspannt" sich andererseits, indem er seinem "Spieltrieb" Freiräume gibt. Indem der Mensch die Leistungsmöglichkeiten des Computers im Dialog ergründet, lotet und probiert er gleichsam seine eigenen Anlagen, Fähigkeiten und Talente aus und kann sich selbst besser entdecken. Selbstverständlich bringt die Arbeit am Computer eine enorme Belastung, Umstellung und andere vorerst empfundene Nachteile gegenüber herkömmlichen Tätigkeiten mit sich. Durch die Schaffung des entsprechenden Arbeitsumfeldes, die Veränderung und flexible Gestaltung des Arbeitszeitregimes wird dies generell beherrschbar werden. Aber dieser Vorzug des Computers ist nicht hoch genug zu schätzen: Er ist auch ein Instrument der Selbsterkenntnis des Menschen, indem sich ihm nicht nur neue Initiativen bieten, sondern auch Alternativen eröffnen.
Im Umgang mit künstlicher Intelligenz in CAD- und CAM-Prozessen erhebt sich naturgemäß auch die Frage, welche Persönlichkeitseigenschaften muß der Ingenieur und technikwissenschaftlich Tätige besitzen bzw. sich aneignen, um erfolgreich und effektiv mit dieser neuen Technik bzw. diesen neuen Technologien umzugehen? Welche schöpferischen Fähigkeiten sind besonders gefragt? Das Verhältnis von Mensch und Technik ist seit jeher ein dialektisches. Der Mensch schafft nicht nur eine ihm angepaßte Technik, er muß sich auch der Technik anpassen. Die Entwicklung eines jeden neuen Werkzeuges erschließt dem Menschen auch neue Möglichkeiten der Bereicherung seiner Persönlichkeit. Die Ausnahmen bilden hier lediglich solche Systeme, die aus Gründen fehlender technischer Voraussetzungen, ökonomischer Prioritäten, klassenegoistischer Verwertungsprozesse (z.B. Fließbandarbeit, monotone einfache Verrichtungen) den Menschen zu einem hochintelligenten Maschinenelement degradieren.
Ein wesentliches Kriterium für Entwicklungsrichtung, -ziel und -tempo der Persönlichkeitsentwicklung im Verhältnis Mensch-Technik

ist somit die gesellschaftlich determinierte Balance; steuert der Mensch die Technik oder die Technik den Menschen. Deshalb ist es u.E. müßig, mit dem Aufkommen des Computers nach völlig neuen Persönlichkeitseigenschaften zu suchen, die für Schöpfertum kennzeichnend wären. Es sind dies nämlich solche Eigenschaften, die menschliche Kreativität schon immer charakterisieren. Aufgeschlossenheit Neuem gegenüber, Experimentierfreudigkeit, Leidenschaft, wissenschaftliche Neugier, Fleiß, Verantwortungsbewußtsein, Disziplin, Mut, Risikobereitschaft u.a. Diese Persönlichkeitseigenschaften sind keine verbalen Abstrakta schlechthin. Sie sind Ausdruck der Verhaltensweisen der Menschen und vergegenständlichen sich im Arbeitsprozeß und seinen Ergebnissen in ihrer jeweils konkreten und spezifischen Gestalt, ohne am Ende direkt am Arbeitsergebnis sichtbar zu sein.

Der Computereinsatz verlangt demnach keine anderen Persönlichkeitseigenschaften als im schöpferischen Umgang mit Technik sonst auch. Entsprechend der Spezifik von CAD und CAM lassen sich gewisse Unterschiede abheben:

CAD-Systeme bzw. generell der Einsatz von Computers in der Erzeugnis- oder Verfahrensentwicklung sind heute eindeutig als vom Menschen beherrscht anzusehen. Die Steuerungsfunktion durch den Menschen liegt auf der Hand, wenngleich der Computer im Einzelfall durch seine "Gefühlslosigkeit" zum unangenehmen Partner werden kann. Konstruktive Entwicklungen verlangen stets das Finden von Kompromißlösungen. Zahlreiche Einflußgrößen sind ohnehin schwer quantifizierbar, so daß schließlich eine komplexe menschliche Entscheidung gefordert wird.

Etwas anders verhält sich das auf dem Gebiet CAM, also der rechnergestützten Fertigungsdurchführung. Dort wird der Computer, z.B. als Fertigungsleitrechner, zu einem dominierenden Faktor. Der Bediener des Rechners wird von ihm zum Dialog aufgefordert, ihm werden auf Rechnerentscheid hin Eingaben abverlangt.

Allerdings weisen jüngste rechnergeführte Leitsysteme (z.B. in der Chemieindustrie, im Maschinenbau und in Flugzeugen) gegenüber früheren Systemen wesentliche Fortschritte auf. Letztere bedingten durch die zahlreichen abzulesenden Instrumente eine hohe Belastung des Kontrollpersonals mit der Gefahr der Übermüdung und des Nichtbeachtens kritischer Zustände. Die Informationsverdichtung durch den Computer mit gleichzeitiger Bewertung und evtl. sogar dem Anzeigen alternativer Handlungsmöglichkeiten für den Bediener bringt

den Menschen in eine Rolle, in der seiner Persönlichkeit vom "Partner-Computer" entsprochen wird.
In der dialektischen Einheit von Rationalem, Emotionalem und Volitivem entwickeln und prägen sich besagte Persönlichkeitseigenschaften und Werte vor allem im Prozeß der materiell-gegenständlichen Tätigkeit der Menschen als Selbstverwirklichung und Vergegenständlichung des Subjekts. Diese "Selbstverwirklichung des Individuums" heißt keineswegs, "das sie (die Arbeit) bloßer Spaß sei, bloßes Amüsement ... wirklich freie(s) Arbeiten ist und gerade zugleich verdammtester Ernst, intensive Anstrengung" /7/.
Art und Weise sowie Intensität und Grad der Ausprägung kreativitätsfördernder Eigenschaften sind demzufolge von den jeweils spezifisch gesellschaftlichen, technischen, technologischen und geistig-kulturellen Bedingungen und Anforderungen abhängig. So sind im Dialog mit dem Computer Fleiß, Ausdauer, die Bereitschaft, eigene Fehler einzugestehen, Niederlagen zu verkraften und Erkenntnisfanatismus als Eigenschaften besonders gefragt. Damit ist der Erwerb neuer Fähigkeiten und Fertigkeiten sowie die Verlagerung bereits vorhandener verbunden. Dazu gehören besonders das Training des räumlichen Vorstellungsvermögens und die Fähigkeit, den konstruktiven Vorstellungen grafisch Ausdruck zu verleihen. Um dieser Grundforderung zu entsprechen, sollte künftig perspektivisches Freihandzeichen von jedem Ingenieur beherrscht werden, was bereits im Studium erworben werden müßte. Bleistift und Papier sind noch lange nicht passé. Im Gegenteil. Das Vermögen des Ingenieurs, seine Ideen zu Papier zu bringen, wird in der Arbeit mit CAD/CAM-Systemen eher stärker gefordert. Auch entpflichtet der Computer, trotz der Übernahme von Rechenprogrammen, den Anwender nicht von der guten Beherrschung der Zahlenrechnung. Das mag auf den ersten Blick wie ein logischer Widerspruch anmuten, aber für notwendige Überschlagsrechnungen - hier wiederum nicht im Sinne der Kontrolle des Rechners, sondern vielmehr der Kontrolle der Eingabedaten bzw. des Rechnermodells - ist diese Fähigkeit unabdingbar. Nicht minder bedeutsam ist die sichere Beherrschung des Zehnfingersystems für das Schreiben an den Bedientastaturen; eine Fähigkeit, die der Student bereits vor dem Studium erlernen sollte. Die Befürchtung, daß der Umgang mit dem Computer phantasielose Sachlichkeit verlange und erzeuge, erweist sich als hinfällig.

Die Phantasie ... (als) Beweggrund, welcher den Menschen zwingt, große und anstrengende Arbeiten auf dem Gebiet der Kunst, der Wissenschaft und des praktischen Lebens in Angriff zu nehmen und zu Ende zu führen /8/, wird in der Arbeit mit CAD/CAM-Systemen in hohem Maße gefordert und gefördert. Phantasie und Intuition als sich durchdringende und ergänzende Elemente schöpferischen Denkens und Handelns entwickeln sich vor allem als Voraussetzung und Ergebnis des freien schöpferischen Spiels mit den ideellen Modellen der objektiven Realität. Dafür schafft der Computer beste Bedingungen. Aber er ist auch ein unbestechlicher Dialogpartner für den Menschen. Erbarmungslos registriert er dessen logische Fehler und hält sie ihm vor. Der Computer zwingt zu äußerster Konzentration und strapaziert das Vorstellungsvermögen. Dies ist aber eher als Vorzug, denn als Nachteil zu werten. Erfahrungen der Arbeit von Studenten an Computern belegen dies überzeugend. In relativ kurzer Zeit zeigt sich, welche leistungsstimulierende und -differenzierende Wirkung diese Tätigkeit ausübt. Die Studenten entdecken ihre Stärken und Schwächen und "wetteifern" mit ihrem Dialogpartner Computer. In diesem Dialog wird der Computer gewissermaßen zum Projektor positiver wie negativer Eigenschaften. Der Typ des "Dünnbrettbohrers" und "faulen Genies" wird bald entblößt und verliert zunehmend seine Chance. Dagegen kommen die beharrlichen und fleißigen Studenten - begünstigt durch diese objektiven Bedingungen - schneller zu Spitzenleistungen, lernen, akribisch zu arbeiten und Niederlagen zu verkraften. Gleichzeitig damit vertiefen sich bei besagten Studenten auch weltanschauliche Einsichten in gesellschaftliche Zusammenhänge der Vergangenheit und Gegenwart, die für das Verständnis des geschichtlichen Werdens ihrer Fachdisziplin beziehungsvoll sind. Derartige Erkenntnisse helfen auch, ein oftmals situatives Bewußtsein zurückzudrängen, lassen die Leistungen der Technikwissenschaftler und Ingenieure der Vergangenheit begreifen und die eigene Leistung in der angemessenen Relation erscheinen, was Schöpfertum und Bescheidenheit stimuliert.
Der Sozialismus schafft die gesellschaftlichen und technischen Voraussetzungen, damit alle Werktätigen ihre Talente, Fähigkeiten und schöpferischen Kräfte frei entfalten können. CAD/CAM-Prozesse bieten dem tätigen und künftigen Ingenieur ein reiches Feld der Entfaltung seiner Subjektivität. Hier wird der Computer nicht zum "Jobkiller", hier stehen Wissenschaft und Technik uneingeschränkt im Dienst des Menschen und des gesellschaftlichen Fortschritts.

Literatur

/1/ Marx, K.: Grundrisse der Kritik der Politischen Ökonomie, Berlin 1953, S. 599.

/2/ Siehe : Hörz, H.; Seidel, D.: Verantwortung-Schöpfertum, Wissenschaft, Berlin 1978, S. 26 ff.

/3/ Vgl. Kochan, D. (Herausgeber): CAD/CAM-Schlüsseltechnologie und Intensivierungsfaktor, Berlin 1986.

/4/ Marx, K.: Grundrisse der Kritik der Politischen Ökonomie, a.a.O., S. 594

/5/ Spur, G.: Produktionstechnik im Wandel. München-Wien 1979, S. 353,

/6/ Marx, K.: Ökonomisch-philosophische Manuskripte. In: MEW, Ergänzungsband, 1. Teil, Berlin 1974, S.546.

/7/ Marx, K.: Grundrisse der Kritik der Politischen Ökonomie, a.a.O., S. 505,

/8/ Vgl. Lenin, W.I.: Was tun? Lenin Werke, Bd. 5, Berlin 1969, , S. 529 f.

III.4. Computer und Bildungsprozesse

Mit der weiteren Entfaltung der wissenschaftlich-technischen Revolution wird das Verhalten des Menschen zu den kulturellen Bildungsgütern, dem sich entwickelnden Weltwissen, den Alltagsinformationen und zu der individuellen geistigen Welt selbst durch die moderne Informationstechnik wesentlich beeinflußt. Was hier auf uns zukommt, was wir aus dem Möglichkeitsfeld technischer Gestaltung unserer Beziehungen alles erschließen können, ist nur zum Teil absehbar. Doch die Technisierung unserer informationellen und zugleich gesellschaftlichen Beziehungen hat begonnen und die informationstechnischen Projekte lassen ein großes Feld an sinnvollen Möglichkeiten erscheinen. Der Mensch im Mittelpunkt stehend, wird sich des Computers auf allen Gebieten gesellschaftlichen Lebens bemächtigen. Da aber nun alles, was der Mensch beabsichtigt, den Weg durch seinen Kopf gehen muß, steht für alle Zeiten der Existenz des Menschen die Frage nach den Inhalten und Prozessen seines Bewußtseins. Diese Frage hat historisch einen unterschiedlichen Stellenwert gehabt. Wir kennen als humanistisches bürgerliches Ideal die Forderung nach geistiger Bildung im Sinne einer Auffassung vom Menschen als "Wesen der Vernunft". Bei Goethe äußert sich die humanistische Hoffnung in den Worten: "Am Anfang war die Tat". Mit neuem, revolutionärem Klasseninhalt streben wir die allseitig entwickelte Persönlichkeit an, die sich in vernünftigen und fortschrittlichen Taten beweist.

Die Persönlichkeit wächst gleichsam aus dem gesellschaftlichen Boden heraus und repräsentiert dessen Kultur. Über die ganze Lebenszeit ist ihre Existenz und Wirksamkeit an einen geistigen Stoffwechsel in der Gesellschaft gebunden. Der Bildungserwerb, davon können wir ausgehen, ist zugleich Erwerb geistiger Fähigkeiten. Ist dieser nun an praktische Manipulationen von Geräten gebunden, so sind auch Fertigkeiten zu erwerben. Die Fähigkeit zum Ein- und Ausschalten eines Radios oder zum Einlegen einer Kassette ist wohl in industrialisierten Ländern kaum noch als Fertigkeit einzuschätzen. Die wirkliche Nutzung der jeweiligen Möglichkeiten der Computer verlangt jedoch die Einheit von Fähigkeiten und Fertigkeiten. Ohne Bildungsinhalte blieben beide leer.

Für die Gegenwarts- und Zukunftsgestaltung unserer Bildung bewegen uns eine Reihe von Fragen, mit deren Diskussion begonnen werden muß, auch wenn schlüssige Antworten noch nicht durchweg zu erwarten sind. So wäre z.B. zu fragen, durch welche humanistischen Grundprinzipien die Einfügung der Informationstechnik in das lebendige System der Bildung getragen sein muß? Es erhebt sich die Frage, wo in Zukunft die Quellen neuer Bildungsinhalte liegen und wie Bildung stets zeitgemäß regeneriert werden kann? Gefragt werden muß, wie sich die kommunikativen Beziehungen im Alltag unter dem Einfluß der Informationstechnik wandeln und welchen kulturellen Wert die bisherigen, traditionellen Formen geistiger Bildung haben? Bedeutsam ist auch die Frage, welche Züge das intelligente Nutzen intelligenter Technik annehmen muß, welchen Bildungswert die Informatik hat und wie sie auf die Entwicklung, Aufbereitung und Verteilung der Bildungsinhalte Einfluß nimmt? Die Fragen ließen sich weiter fortsetzen. Eine Antwort kann mit Bestimmtheit gegeben werden: Der informationstechnische Fortschritt darf nicht zu einer Verengung des Bildungshorizonts führen und die wertende Erlebnisfähigkeit des Menschen einschränken. Insofern haben heute die Produzenten und "Verteiler" von Bildungsinhalten, Kenntnissen und Informationen sich ernsthaft die Frage vorzulegen, wie ihre Produkte sich in der Bildungswelt von heute und morgen bewegen und bewähren müssen.

Heute wird die mit dem Computer verbundene Informationstechnik für Datenverarbeitung, spezifische Wissensrepräsentation und verschiedene konstruktive Modellierungen eingesetzt. Mit diesen Funktionen ist der Computer in Wissenschaften integriert worden, und er vermittelt damit bereits Funktionen der Wissenschaften nach außen in spezifische Kommunikationen und ins Bildungswesen.

Wenn als das Primärprodukt wissenschaftlicher Tätigkeit das zur theoretischen Ausweitung dienende ideelle Aussagesystem gilt, das in immer stärkerem Maße auf Anwendungsorientierung hin erarbeitet wurde, so darf man einige weitere essentielle wissenschaftliche Voraussetzungen nicht unterschätzen. Kriterium eines wissenschaftlichen ideellen Produktes war von jeher das der Mitteilungsmöglichkeit. Es wurde stets so aufbereitet, daß es in einem Sender-Empfänger-System eingeordnet werden kann. In diesem Sinne ist die Bildung als das Element der Vermittlung von jeher Teil der Wissenschaft, auch wenn sich im Laufe der historischen Entwicklung eine relative Trennung von Forschung, Lehre und Anwendungsvorbereitung aus pragmatischen Gründen vollzogen hat. Bildung hat etwas mit der Vermittlung und Speicherung von Daten zu tun, woraus folgt, daß Bildungswesen und Informationsprobleme korrespondieren. Die aktuelle technische Entwicklung zwingt nun nicht nur dazu, dieses klassische Feld der Wissensvermittlung unter der Beachtung moderner Informationserkenntnisse und deren Realisierungen zu überdenken, sondern der Informationskomplex selbst wird zu einem relativ selbständigen Element im gesamten Wissenschaftsprozeß. Die Wirksamkeit der Wissenschaft, ihre eigene Dynamik, werden zunehmend davon bestimmt, wie die gewonnenen wissenschaftlichen Daten geordnet, gespeichert, kombiniert und abrufbereit dargestellt werden.

Es ist eine unbestreitbare Tatsache, daß die moderne Informations- und Kommunikationstechnik immer mehr gesellschaftliche Bereiche durchdringt und immer mehr Menschen berührt und erfaßt. Die ständig steigende Informationsflut zu beherrschen und für die Persönlichkeitsentwicklung sowie für gesellschaftlich nützliche Zwecke zu verwerten, verlangt, diese neuen technischen Mittel einzusetzen. Ihre Handhabung bleibt in der Zukunft nicht nur Spezialisten vorbehalten, sondern entwickelt sich zum Allgemeingut in der beruflichen und privaten Lebensweise der meisten Menschen. Dadurch wird der Mensch geistig nicht ärmer, im Gegenteil, diese moderne Technik bereichert die Persönlichkeit in ihrer praktischen und geistigen Auseinandersetzung mit der Umwelt, bei der Aneignung der Wirklichkeit. So wie der Alltagsgebrauch mechanischer und elektrischer Instrumente im Alltagsleben der Menschen nicht zu einer Verarmung der technischen Bildung im Zeitalter der industriellen Revolution führte, so wird auch eine durch die wissenschaftlich-technische Revolution ermöglichte "Computerisierung" des modernen Lebens keine geistige Verarmung bewirken. Das Streben des Menschen, in ständig vollkommenerer Weise manuelle und geistige Tätigkeiten durch Werkzeuge und Denkzeuge zu ersetzen, muß man als eine additive Substitution verstehen. Nicht das Handeln und das Denken werden durch Geräte ersetzt, sondern diese Geräte sind verstärkende Handlungs- und Erkenntnisorgane des Menschen. Diese Geräte zu gebrauchen, verlangt ein Minimum an allgemeinsbildendem Wissen, sie zu erstellen, zu erklären und weiter zu entwickeln, solide Fachkenntnisse.

Unser Bildungswesen muß sich natürlich den technischen Herausforderungen der Computer stellen, allerdings in einer sehr differenzierten Weise. Diese Differenzierung muß nicht nur unter dem Blickwinkel der alters- und berufsspezifischen Besonderheiten, sondern

auch aus der Sicht bildender und erziehender Momente beachtet werden.
Die Beziehung von Bildung und Computer im weitesten Sinne stellt sich als ein dialektisch-widersprüchliches Verhältnis dar. Diese Dialektik besteht vor allem darin, die bildenden und erzieherischen Voraussetzungen und Konsequenzen der Einführung der modernen Rechentechnik in das Bildungswesen zu erfassen, langfristig zu prognostizieren sowie zwischen allgemeinbildenden und berufsspezifischen Erfordernissen zu unterscheiden. Wenn man heute oft von der Programmierung als zweiter Bildung bzw. zweiter Sprache spricht, so muß man dies mit der Sprachauffassung im klassischen Sinne vergleichen. Sprache ist sowohl Kommunikationsmittel im allgemeinen Sinne, Alltagssprache für alle, aber gleichermaßen etablieren sich die Fachsprachen bzw. Wissenschaftssprachen der einzelnen Disziplinen im Sinne ökonomischen und effektiven Informationsaustausches. Mit der Zunahme der Verwissenschaftlichung des Lebens eignen sich die meisten Menschen neben ihrer allgemeinen Sprache eine Fachsprache (z.B. Formelsprache) an. Analog sollte man die Situation im Zusammenhang mit der sich verbreitenderen Einführung der modernen Informationstechnik betrachten. Nicht jeder muß über die Informationstechnik und Informatik "alles wissen", jedoch braucht jeder ein Grundwissen über Methodik, Zielstellung, Möglichkeiten und Grenzen des Computereinsatzes!
Computereinsatz und Programmierung als ständige Begleiter des Lernens und Lehrens im Bildungswesen der Zukunft darf man nicht nur unter dem Aspekt der Wissensaneignung und Wissensanwendung erörtern, obwohl jede Vergrößerung des angeeigneten Wissenssystems zu einer wenigstens partiellen Vervollkommnung der Persönlichkeit beiträgt. Mit dem Erlernen von Grundfertigkeiten des Programmierens und der Anwendung der modernen Rechentechnik prägen sich auch ein rationeller Denkstil, eine präzisere Befähigung zur Planungsarbeit insgesamt sowie erweiterte Fertigkeiten zur Ausübung routinehafter und auch kreativer geistiger Tätigkeit aus. Ganz besonders durch diese Elemente erfährt die Persönlichkeit geistige Entwicklungsimpulse, wenn auch dies wiederum nicht widerspruchsfrei verläuft. Sicher muß man auch Aspekte der Einführung des Computers in unsere Lebenswelt beachten, die sich als problematisch erweisen. Was das Bildungswesen betrifft, wird oft die Gefahr genannt, daß viele elementare Rechenoperationen nicht mehr vom Individuum ohne Ma-

schine durchgeführt werden können, was zu einer Verarmung des Denkens führe. Dies ist aber keine unabwendbare Folge, sondern eher eine Herausforderung, durch zeitgemäßen Unterricht diese Tendenz zu minimieren, durch die Verwendung des Computers eine erhöhte Denkfähigkeit zu erreichen. Dadurch, daß heute nur noch wenige Menschen eine Kubikwurzel ohne Hilfsmittel errechnen können, weil es Rechenstab und Logarithmentafeln gibt, ist ja das Denken im Mathematikunterricht auch nicht reduziert worden. Der Computer ist im modernen Unterricht keine Alternative zum Denken, zur Selbständigkeit und Lebendigkeit, im Gegenteil, als wirkungsvolle Ergänzung im Unterrichtsprozeß kann er Kreativität, Denk- und Urteilsfähigkeit nachhaltig beflügeln. Ein computergestützter Unterricht wird daher nie den Lehrer zurückdrängen, ihn jedoch herausfordern, unter Ausnutzung aller Möglichkeiten des Computers die Effektivität des Unterrichts in seiner Bildungs- und Erziehungsfunktion zu erhöhen.
Wenn wir davon ausgehen, daß der Gebrauch des Computers für die meisten Menschen zu einer solchen Selbstverständlichkeit werden wird, wie es heute der Gebrauch eines Kraftfahrzeuges oder des Telefons darstellt, so stehen wir bei der Vorbereitung der Menschen auf diese Technik durchaus vor einer pädagogischen Grundsatzaufgabe, für deren Lösung wir jedoch bereits in der Gegenwart sehr schnell Vorleistungen zu erbringen haben.
Dabei beschränkt sich die Vorbereitung auf ein elementares Computerverständnis und eine elementare Computerbefähigung keinesfalls auf die theoretische Ausbildung. Das eigenständige Üben am Automaten muß ebenfalls garantiert sein, da es gilt, eine gewisse Sicherheit im Umgang mit dieser neuen Technik zu gewinnen. Mit dem fortschreitenden Einsatz höherentwickelter Informationstechnik im Dienstleistungsbereich darf man aber nicht nur an jenen Personenkreis denken, der im gegenwärtigen Bildungssystem erfaßt wird. Denken wir beispielsweise an den Gebrauch der Analogautomaten im Kundendienst der Fahrkartenausgabe der Deutschen Reichsbahn. Wenn auch der größte Teil der Bevölkerung den Gebrauch der Fahrkartenautomaten prinzipiell akzeptiert, so wird die praktische Nutzung dennoch stark von der beruflichen Qualifikation, dem Alter sowie von der Gefühlswelt und den geprägten Gewohnheiten determiniert.
Die Tatsache respektierend, daß die Dialogrechner am meisten von Studenten und Lehrlingen genutzt werden, also von jungen Menschen, die zusätzlich über einen entsprechenden technischen Bildungsstand

verfügen, so muß der Nutzerkreis durch Gewährung systematischer Ausbildungs- und Trainingsmöglichkeiten von älteren Bürgern sowie Angehörigen nichttechnischer Berufe organisiert werden, wenn diese neue Technik breitenwirksamer werden soll.
Was unsere Konzeption, unsere Leitlinien für die Ausbildung auf dem Gebiet der Informatik betrifft, so ist ein differenziertes Herangehen von vornherein in Rechnung gestellt. So ist es z.B. nur zu natürlich, daß die Ausbildung künftiger Spezialisten der Informatik, aber auch der Informations- und Automatisierungstechnik, bereits weit entwickelt und zukunftsorientiert ist. Weiterhin erwirbt sich ein respektabler Teil der Studenten maschinenbau- und verarbeitungstechnischer Disziplinen vertiefte und zugleich auf technische Anwendung orientierte Kenntnisse der Informatik. Das ist insofern bemerkenswert, als hier disziplinär tiefgründig ausgebildete Konstrukteure und Technologen heranwachsen, die einen fachmännischen Einblick in jene technischen Vorgänge haben, welche sie unter Nutzung solider Kenntnisse über die künstliche Intelligenz gestalten, weiterentwickeln und beherrschen müssen. Wohlüberlegt und zielstrebig werden alle Ingenieurstudenten, künftigen Naturwissenschaftler und Lehrer technischer und naturwissenschaftlich-mathematischer Unterrichtsfächer mit den Grundlagen und den fachspezifischen Einsatzfeldern der Informatik vertraut gemacht. Verbunden mit einem zügigen Ausbau der gerätetechnischen Basis wurde in relativ kurzer Zeit der Informatik in der akademischen Ausbildung Bahn gebrochen und ein ausbaufähiges Fundament weitreichender Entwicklungsprozesse geschaffen.
Auch die Berufsausbildung stellt sich zielstrebig der Informatikausbildung des Facharbeiternachwuchses. Für ausgewählte Berufsgruppen ist die Informatik als Lehrfach in Einführung begriffen /1/. Für den Erwerb praktischer Fertigkeiten werden Computerkabinette errichtet. Es versteht sich fast von selbst, daß die künftigen Berufspädagogen, vor allem die für technische Unterrichtsfächer, ein tragfähiges Informatikwissen vermittelt bekommen.
Von großer und weitreichender Bedeutung ist die Einführung der Informatik in die Allgemeinbildung. Es ist angesichts der Diskussion der Entscheidung sicher nicht verwunderlich, daß es über die Art und Weise der Integration dieses neuen Wissensgebietes viele und oft genug auch heftig geführte Diskussionen gab. Wenn man die international geführten Debatten analysiert, zeichnen sich im wesentlichen drei Wege ab. Erstens ist es das Bemühen, die Informatik

ins Fach Mathematik einzugliedern. Zweitens wäre die Linie zu nennen, die inhaltlichen Möglichkeiten "traditioneller" naturwissenschaftlicher, mathematischer und technischer Unterrichtsfächer zu nutzen und zu erschließen, um wesentliche und allgemeinbildende Grundlagen der Informatik zu vermitteln. Drittens gibt es die Variante, ein selbständiges Lehrfach "Informatik" zu etablieren.
Wir meinen, daß keine der Varianten die absolut beste ist, daß jede in einem konkret-gesellschaftlichen und konkret-historischen Bedingungsgefüge Berechtigung hat, ja, daß es nicht einmal gerechtfertigt wäre, sie streng alternativ zu beurteilen. Hier gilt es, zu beginnen, Erfahrungen zu sammeln und überlegt auszuwerten.
Wenn wir in der DDR uns dafür entschieden haben, zum gegenwärtigen Zeitpunkt noch kein obligatorisches Fach "Informatik" in die zehnklassige Oberschule einzuführen, dann ist das gewiß zum einen der Erkenntnis geschuldet, daß viele der vorhandenen Fächer aufgrund ihrer modernen inhaltlichen Ausrichtung potent genug sind, um allgemeinbildende Voraussetzungen, Grundlagen und Aspekte der Informatik den Schülern zu vermitteln /2/. Zum anderen wohl aber auch aus dem guten Grund, erst in praxi genügend experimentell gesichertes Wissen über den pädagogischen Sinn und Nutzen der Informatikausbildung und den Umgang mit dem Computer zu gewinnen. An den Spezialschulen für mathematische, naturwissenschaftliche und technische Richtungen, an den erweiterten Oberschulen, aber auch im fakultativen Unterricht und in der Zirkeltätigkeit außerhalb des Unterrichts an den zehnklassigen Oberschulen bieten sich vielfältige Möglichkeiten der Erprobung, um seriös und solide weiterführende Entscheidungen vorzubereiten. Vor allem die Spezialschulen sind dabei, Konzeptionen gezielt zu prüfen und weiterzuentwickeln. Entscheidende Prämissen werden hierbei wohl immer sein, Grundlagen der Informatik auf der Ebene der Allgemeinbildung zu vermitteln, dabei Grundfertigkeiten im Umgang mit dem Computer herauszubilden und den Computer im Unterricht selbst so einzusetzen, daß die Qualität des Lernens und Lehrens erhöht wird. Ein Umgang mit dem Computer, der zur Gedankenlosigkeit verführt, der dem Schüler die Mühsal des Lernens und Nachdenkens erspart, steht keinesfalls zur Disposition. Ganz im Gegenteil, sein Einsatz - zunächst wohl vor allem in naturwissenschaftlichen, mathematischen und technischen Unterrichtsfächern - muß letztlich immer dazu führen, tiefer in das Wesen der Dinge und Prozesse einzudringen, Fähigkeit und Wille zum Verallgemeinern, vergleichen, Beurteilen, Werten usw. zu vergrößern und die Freude

an diesen "Anstrengungen des Begriffs" bei den Schülern zu erhöhen. So wird der Computer, sinnvoll eingesetzt, recht gut dafür geeignet sein, z.B. technische Prozeßabläufe transparenter zu machen, wie sie im Unterrichtsfach "Einführung in die sozialistische Produktion" gelehrt werden. Er vermag Schülern und Lehrern z.B. im Mathematik- und Physikunterricht zu helfen, Lösungsvarianten zu finden und zu vergleichen, Gesetzmäßigkeiten aus Experimenten abzuleiten und verschiedene Erscheinungsformen von Gesetzen in der Simulation sichtbar zu machen. Auch wenn, wie z.B. im Physik-, Chemie- und ESP-Unterricht, Realexperimente nicht oder nur mit sehr hohem Aufwand durchführbar sind, wird der Computer ein erkenntnisfördernder Partner sein. Aber auch hier gilt, daß die Informationstechnik nicht das Experiment und den empirischen Zugang zur Wirklichkeit verdrängt. Der Einheit von Empirie und Theorie im Unterricht werden vielmehr neue und bei weitem noch nicht vollständig erschlossene Möglichkeiten eröffnet.

Der Einzug des Computers in die Allgemeinbildung ist also im vollen Gange, was viele neue, interessante und problemreiche Fragen mit sich bringt. Manches muß daher noch tiefer erforscht, gründlich erprobt, ausgewertet und verallgemeinert werden, um sachkundig darüber zu befinden, wann und wie die Informatik auch einmal als selbständiges allgemeinbildendes Grundlagenfach eingeführt wird. Wie auch immer die Entscheidung in dieser spezifischen Frage ausfällt, so ist doch grundsätzlich entschieden, daß sich unsere Volksbildung ohne Verzug der Aufgabe stellt, Grundkenntnisse der Informatik im bewährten System der Allgemeinbildung auf solider Grundlage zu vermitteln /3/.

Wir können mit Gewißheit davon ausgehen, daß im letzten Jahrzehnt unseres Jahrhunderts die intelligenten Arbeitsmittel zum Alltag gehören werden. Der größte Teil der Berufstätigen wird mit der modernen Informationstechnik in direkte Berührung kommen /4/. Vorsichtige Prognosen besagen, daß ca. 5 Prozent der Werktätigen als Spezialisten ausschließlich auf dem Gebiet der Informatik und Infomationstechnik arbeiten werden. 10 bis 15 Prozent werden die Informationstechnik in den verschiedensten Zweigen der Volkswirtschaft unmittelbar anwenden, und 50 Prozent der Arbeitsplätze werden mit Elementen der Computertechnik ausgestattet sein.

Die Vorbereitung auf den Gebrauch dieser Technik dürfte deshalb ebenso wichtig sein, wie die Entwicklung und der Einsatz dieser Technik selbst /5/.

Literatur:

/1/ Vgl. Weidemann, B.: Mit Elan und Tatkraft verwirklichen wir die Beschlüsse des XI. Parteitages der SED, in: Berufsbildung, 6/86, S. 257 ff.

/2/ Vgl. Migdalek, J.: Zur Einführung von Elementen der Informatik in die Allgemeinbildung, in: Polytechnische Bildung und Erziehung, 4/86, S. 105 ff.

/3/ Vgl. Honecker, M.: Die Schulpolitik der SED und die wachsenden Anforderungen an den Lehrer und die Lehrerbildung, in: Protokoll der Konferenz des Ministeriums für Volksbildung der DDR, Berlin 1986, S. 21 ff.

/4/ Vgl. Löffler, M.: Einige Konsequenzen der künstlichen Intelligenz und ihrer Nutzung als Arbeitsmittel, in: Gesellschaftswissenschaftliches "Colloquium Dresdense", 11. Kolloquium: "Intelligente Technik als Arbeitsmittel", Sonderheft TU Dresden 1984.

/5/ Roth, M.: Zur Evolution und Kooperation "Mensch und intelligenter Automat", in: WZ der TH Ilmenau, Heft 6/1985

III.5. Computertechnik - Entscheidung - moralische Verantwortung

Der zunehmende Einsatz der Computertechnik in Wissenschaft und Produktion, im Dienstleistungs- und Bildungsbereich, in Arbeit- und Freizeitsphäre beeinflußt in immer stärkerem Maße den Menschen in der Totalität seiner Beziehungen. Das ist nichts Ungewöhnliches. Schon immer haben revolutionäre Umwälzungen in der Technik resp. Technologie mehr oder weniger nachhaltige Wirkungen auf die gesellschaftlichen Verhältnisse, die Arbeits- und Lebensbedingungen der Individuen, die Art und Weise ihrer Lebensgestaltung und Lebensäußerung ausgeübt. Mit dem Einsatz künstlich intelligenter Systeme entsteht allerdings eine neuartige Situation insofern, als jetzt bestimmte geistige Verrichtungen, die bisher als Domäne der Spezies Mensch gelten, an Technik übertragbar wird. Diese vermag auf Grund ihrer besonderen Qualität Wissen zu speichern und zu verarbeiten, Bilder zu "erkennen", logische Operationen auszuführen, Probleme zu lösen, Befehle zu "verstehen", Entscheidungen zu fällen u.a.m. All dies ist Resultat der Simulation von Funktionen des menschlichen Gehirns durch technische Mittel. Das bildet die Voraussetzung dafür, bestimmte geistige Tätigkeiten des Menschen durch Technik nicht nur zu substituieren, sondern sie auch schneller, zuverlässiger und effektiver auszuführen. Verständlicherweise regt dies zum einen Überlegungen an, wie auf diese Weise die geistige Produktivität unserer Gesellschaft gesteigert und in spürbares volkswirtschaftliches Leistungswachstum umgesetzt werden kann. Zum anderen ist dieser Prozeß mit einem verstärkten Nachdenken darüber verknüpft, welcher Freiheitsgewinn für die Persönlichkeit damit erreicht wird, also wie intelligente Technik die Arbeitsinhalte verändert, den Menschen entlastet, welche neuen Ansprüche ihre Beherrschung an seine Verhaltensqualitäten und sein Verantwortungsbewußtsein stellt, welche Veränderungen in Arbeit, Freizeit und zwischenmenschlichen Beziehungen durch sie bewirkt werden /1/. Solche Fragen berühren zutiefst moralische Sachverhalte, nämlich die besondere Stellung und Rolle des Menschen in der Welt, seine Subjektivität als Voraussetzung zielsetzender und -verwirklichender Aktivität und menschlicher Selbstbestimmung.
In diesem Zusammenhang ranken sich gegenwärtig u.a. verstärkt Diskussionen um die Fragen, in welchem Maße und Grade der modernen Computertechnik menschliche Entscheidungen übertragen werden können und wer die Verantwortung für solche Entscheidungen und deren

Folgen zu tragen hätte. Dieser Problematik wollen wir uns im folgenden aus der Sicht der Ethik zuwenden.
Eine Entscheidung fällen heißt, aus einem Feld real gegebener und erkannter Möglichkeiten jene auszuwählen, die unter den gegebenen Bedingungen der Zielfunktion am besten entspricht oder zu entsprechen scheint. Folglich beinhaltet der Entscheidungsprozeß:

1. Das Vorhandensein einer Situation, die der Lösung bedarf, eines Sachverhaltes, Prozesses usw., der stabilisiert oder verändert werden muß (Entscheidungssituation).
2. Erkennen der Problemsituation und Festlegung des anzustrebenden Zieles (Zielorientierung).
3. Aufdecken der Ursachen für die Notwendigkeit der erstrebten Veränderungen bzw. Stabilisierung, Analyse der Abweichungen und Fehler (Diagnose).
4. Ermitteln der realen Möglichkeiten und Handlungsvarianten zur Zielrealisierung (Variantenermittlung).
5. Prüfung, Bewertung und Vergleich der Entscheidungsvarianten mit ihren absehbaren Nah- und Fernwirkungen (Variantenbewertung).
6. Festlegung der unter den gegebenen Bedingungen günstigsten Varianten (Entschlußfassung).

Damit wird deutlich, daß Entscheidung als vermittelndes Glied zwischen Erkennen und Handeln ein Prozeß geistiger Tätigkeit ist. Dieser beruht wesentlich auf dem Sammeln, Aufnehmen, Speichern, Vergleichen und Verarbeiten von Informationen, also auf Funktionen, die künstlich intelligente Systeme auszuführen vermögen. Es entsteht also die Frage, welche Entscheidungen kann der Mensch an moderne Computertechnik delegieren, wo kann er mit ihrer Unterstützung besser entscheiden und was bleibt ihm trotz intelligenter technischer Systeme als soziales Subjekt an Entscheidungen vorbehalten. Gehen wir dieser Frage nach, so ist zunächst einmal festzustellen, daß zwei Niveaustufen computergestützter Entscheidungen voneinander zu unterscheiden sind.
Auf der ersten Ebene fungiert moderne Informationstechnik als Basis und Stützung menschlicher Entscheidungsfindung. So kann sich der Mensch das für Entscheidungen notwendige Sachwissen, erprobte Vorgehensweisen, praktisch vielfach bestätigte Erfahrungen u.a.m. vom Computer liefern lassen. Im Dialog mit ihm sind gespeicherte Berechnungen, Zeichnungsentwürfe, Diagnosen, Teillösungen, Entscheidungsvarianten usw. miteinander kombinier- und abrufbar. Damit wer-

den die durch den Menschen zu treffenden Entscheidungen nicht nur fundierter und sicherer, sondern z.T. auch zeitlich erheblich verkürzt.
Einer zweiten Ebene sind jene Entscheidungen zuzurechnen, die im Rahmen von Steuerungsfunktionen an intelligente technische Systeme delegiert und durch sie getroffen werden. Das ist dort erforderlich und sinnvoll, wo optimale Entscheidungen an die Grenzen menschlicher Möglichkeiten und Fähigkeiten stoßen und diese überschreiten. So sind Prozesse, denen die Verarbeitung großer Datenmengen zugrundeliegt oder die mit hoher Geschwindigkeit ablaufen und deren Steuerung das rasche Reagieren auf die Veränderung vielfältiger Einflußgrößen mit hoher Exaktheit erfordert, vom Menschen nicht mehr zuverlässig beherrschbar. Hier sind im Interesse hoher Effektivität und Produktivität, der sparsamen Verwendung von Material und Energie automatische Steuerungen und Regelungen anzustreben. Sie entheben den Menschen bestimmter Entscheidungen, fällen sie selbst und optimieren sie dadurch, geben sie als Steuerimpulse an die Anlage weiter und gewährleisten so einen effektiven Produktionsablauf.
Der Entscheidungsspielraum muß wissenschaftlich erschlossen sein und ist durch das erkannte Möglichkeitsfeld akzeptabler Varianten abzugrenzen. Da die Entscheidungsräume vom Menschen zu projektieren sind, liegt die Verantwortung für die Delegierung der Entscheidung unter Berücksichtigung der nunmehr technischen Qualität des Entscheidungsprozesses allein bei ihm. Generell sollte nur etwas delegiert werden, das beherrscht wird,und mögliches Versagen dieses technischen Prozesses sollte mit einkalkuliert werden. Können die technischen Systeme in menschen- oder menschheitsgefährdende Zustände geraten, so darf der Mensch nicht aus den Entscheidungsprozessen ausgegliedert werden.
Insofern wird es also immer ein inhaltliches und historisch-konkretes Maß dessen geben, was an Entscheidungen technischen Systemen übertragbar ist und sein sollte /2/.
So ist die Optimierung von Entscheidungen durch wissenschaftlich-technische Systeme im wesentlichen an folgende Bedingungen gebunden: Die informationellen Prozesse müssen modellierbar sein, Häufigkeit und Wiederholbarkeit aufweisen und logisch strukturiert sein. Damit sind zugleich auch die Grenzen für eine rechnergestützte Entscheidungsoptimierung, -findung und -orientierung gesetzt. Sie werden dort überschritten, wo die für eine richtige bzw. optimale Ent-

scheidung notwendige Wissens- und Erfahrungsmenge nicht eindeutig abgrenzbar ist, die Daten qualitativ so unterschiedlich sind, daß sie nicht in logische Beziehungen zueinander gebracht werden können und die erforderlichen Randbedingungen im Programm nicht zu erfassen sind.
Entscheidungen bleiben dem Menschen prinzipiell dort überlassen, wo sie nicht auf logische Operationen zu reduzieren sind, sondern auch interessengebundene Wertungen implizieren, sich der Einzelne als Mitglied einer Partei, Organisation oder Bewegung, als Familienangehöriger, Staatsbürger u. dgl. mehr zu etwas entschließt. Menschliche Entscheidungsprozesse erweisen sich auch noch aus einem anderen Grund als außerordentlich kompliziert. Die menschliche Weise des Entscheidens ist hochkomplex und auf dem gegenwärtigen Entwicklungsniveau der Wissenschaften im psychophysischen Vollzug nicht nachvollziehbar. Die Vorgänge des menschlichen Gehirns lassen sich nicht auf komplexe elektrische Impulsfolgen reduzieren. Zwar verfügen auch die Neuronen (Nervenzellen) über das Vermögen, Informationen über elektrische Impulse aufzunehmen, sie zu speichern, zu verarbeiten und weiterzugeben. Gelangt die Mitteilung eines Neurons in Form des elektrischen Impulses aber ans Ende eines Axonzweiges (Nervenachse), vermag sie nicht über den synaptischen Spalt hinwegzukommen und das Empfängerneuron zu benachrichtigen. Statt dessen bewirkt der elektrische Impuls hier die Freisetzung einer chemischen Substanz (Serotonin, Azetylcholin, Adrenalin), eines Transmitters /3/, der den synaptischen Spalt durchdringt und am Empfängerneuron eine Änderung des Membranenpotentials verursacht. Das führt bei den nachgeschalteten Nervenzellen zu einer Bewertung der Information, die sich in Erregung oder Hemmung ausdrückt, wodurch die Schaltmöglichkeiten der Neuronen variiert, neurophysiologische und psychische Prozesse im Organismus ausgelöst werden /4/. Das menschliche Gehirn beschränkt sich mithin in der Informationsverarbeitung und -übermittlung nicht auf elektrische Impulse und rationale Operationen. Es schließt auch chemische Informationsübertragung und emotionale Prozesse ein. Gerade diese Seite menschlicher Widerspiegelung und Aneignung der Welt darf bei der Entscheidungsproblematik nicht außer acht gelassen werden. Der Mensch bildet die Welt nicht nur in Begriffen ab und operiert mit diesen, wenn er Entscheidungen fällt. Er erlebt auch seine Beziehungen zu den Dingen, Erscheinungen, Prozessen, anderen Subjekten unter dem Aspekt, inwieweit sie der Befriedigung

seiner Bedürfnisse dienen oder schaden. Die sich dabei einstellenden positiven wie negativen Gefühle haben nicht nur erheblichen Einfluß auf seine praktische, sondern auch seine geistige Tätigkeit, auf die Sammlung, Auswahl, Verarbeitung usw. von Informationen und folglich auf seine Entscheidungen. Die rationale Aufbereitung von individuellen und kollektiven Entscheidungen stößt vor allem an inhaltliche Grenzen, die mit der Einbindung des Gegenstandes der Entscheidung in den gesellschaftlichen Kontext und mit interessengebundenen Gewichtungsmomenten zusammenhängen. Am Beispiel m o r a l i s c h e r Entscheidungen bzw. der moralischen Seite von Entscheidungen kann man dies verdeutlichen.

1. Jeder Mensch ist in ein konkretes System materiell-gesellschaftlicher und ideologischer Verhältnisse eingebettet, das ihn prägt. So spiegelt der einzelne diese für ihn objektiven Bedingungen durch das Prisma seiner Lebensinteressen und seiner Induvidualität gebrochen wider und bringt sie in Form persönlicher Interessen, politischer Haltungen, moralischer Anschauungen, Wertorientierungen usw. zum Ausdruck. Sie bilden die inneren Determinanten seiner Verhaltensziele, seiner Wertungen und Handlungsentschlüsse. Nun kann der einzelne in seinen moralischen Entscheidungen aber nicht nur den persönlichen Interessen und Zielen folgen. Als Subjekt moralischer Beziehungen ist er stets zugleich Teil einer sozialen Gemeinschaft, Angehöriger einer Klasse, eines Staates, einer Familie usw. Er vertritt demzufolge auch deren Interessen und versucht, seine persönlichen mit diesen in Übereinstimmung zu bringen. Die moralischen Entscheidungen sind also Resultate eines dialektischen Interessenwiderspruchs, tragen stets ideologischen Charakter und sind daher nicht programmierbar.

2. Die moralischen Subjekt-Objekt-Beziehungen sind dadurch charakterisiert, daß die Objekte häufig selbst Subjekte sind, die nicht nur über sehr spezifische Interessen, Wertorientierungen usw. verfügen, über welche die äußeren Einwirkungen und Informationen gebrochen werden, sondern die diese auch selbst zu verwirklichen trachten. Dadurch prägen sie ihrerseits die Beziehungen mit, was zur Folge hat, daß eindeutige Aussagen über Wenn-Dann-Beziehungen, also logische Schlußketten mit Allgemeinheitscharakter, nicht zu formulieren sind.

3. Moralische Entscheidungen müssen sich auf Kenntnisse, Erfahrungen, bestätigte Verhaltensmuster stützen, von Einsicht und Vernunft getragen werden.
Ein Mehr an Wissen um alle möglichen Umstände, Varianten und Folgen macht Entscheidungen in der Moral aber nicht unbedingt leichter und sicherer. Der einzelne weiß dadurch auch mehr um die Größe der Gefahren und Risiken, die sich für ihn oder die Gemeinschaft aus bestimmten Entschlüssen ergeben, was Unsicherheit auslösen kann und den Menschen vor solchen Entscheidungen zurückscheuen läßt. Also nicht immer ist ein unbedingtes Mehr an Kenntnissen, sondern vielmehr ihr richtiges Maß für eine vernünftige Entscheidung des einzelnen ausschlaggebend. Zudem läßt sich der Mensch in seinen Entscheidungen nicht nur von Erkenntnissen und Erfahrungen leiten. Er erlebt auch stets seine Beziehungen zu den Erscheinungen, anderen Subjekten wie zu sich selbst und seinem Tun. So empfindet er Freude und Trauer, Stolz und Scham, entwickelt Verantwortungs- und Pflichtgefühl, um nur einige Beispiele zu nennen, und läßt sich auch von ihnen leiten. Seine moralischen Entscheidungen implizieren also stets emotionale Prozesse, die in ihrer Subjektivität technisch nicht modellierbar sind.

4. Die verschiedenen Individuen reflektieren und werten gleiche Sachverhalte auf Grund ihrer spezifischen Kenntnisse, Erfahrungen, Erwartungen und Interessenlage unterschiedlich. Gleiches kann sie folglich ungleich tangieren und bei ihnen verschiedenartige Aktivitäten auslösen. Moralische Entscheidungen werden mithin durch objektive wie subjektive Bedingungen determiniert. Folglich muß eine Situation, die für den einen zur Veränderung und damit zur persönlichen Entscheidung drängt, für den anderen dieses durchaus nicht zwingend notwendig machen. Dennoch können sich beide positiv moralisch verhalten. Moralische Entscheidungen sind auch aus diesem Grunde nicht algorithmierbar.

5. Die Frage, ob moralische Entscheidungen richtig oder falsch sind, läßt sich nicht primär vom Standpunkt der formalen Logik aus beantworten. Vielmehr ist dies in erster Linie die Frage danach, von welchem Klassenstandpunkt aus entschieden wurde, welchen sozialen Zwecken dies diente, wie die persönlichen mit den kollektiven Interessen und den gesellschaftlichen Erfordernissen in Übereinstimmung gebracht wurden. Für eine Bewertung moralischer

Entscheidungen reicht zudem das alternative Schema richtig oder falsch, positiv oder negativ nicht aus. Sie sind weit komplizierter. So müssen verschiedene Grade der Billigung und Nichtbilligung von Entscheidungen, verschiedene Stufen des Guten wie des Bösen in ihnen unterschieden werden. Ja selbst innerhalb der meisten Entscheidungsvarianten finden sich positive wie negative Seiten, Vorzüge und Nachteile, die es in der Bewertung der Gesamterscheinung gegeneinander aufzuwiegen gilt.

6. Entscheidungen im moralischen Bereich sind weitgehend schöpferische Vorgänge. Sie betreffen die Anwendung allgemeiner Prinzipien, Normen, Werte usw. auf konkrete Situationen und Sachverhalte unter Berücksichtigung objektiver Anforderungen und eigener Strebungen. Das ist stets untrennbar verknüpft mit der Überwindung innerer und äußerer Hemmnisse, alter Gewohnheiten, überholter Denk- und Verhaltensweisen. Nicht selten sieht sich der einzelne in konkreten Situationen sogar vor die Entscheidung gestellt, bestimmte Normen und Werte zu verletzen, um andere zu verwirklichen, einen Wert um des anderen willen preiszugeben. Insofern verfügt nicht jeder, der keine Normen verletzt, über eine hohe moralische Kultur, wie umgekehrt die Verletzung bestimmter Normen und Werte nicht in jedem Falle moralisch negativ ist. Sich hier richtig zu entscheiden, setzt den Menschen als schöpferisches Subjekt voraus.

7. Wenn eine Optimierung moralischer Entscheidungen angestrebt wird, muß Klarheit über die Zielfunktion vorhanden sein, also darüber, was zu entscheiden ist, worüber wer unter gegebenen Bedingungen entscheiden kann, was damit erreicht werden soll. Ob eine moralische Entscheidung optimal ist, hängt damit von verschiedenen objektiven und subjektiven Faktoren ab. So u.a. von
   - den gesellschaftlichen Erfordernissen und den daraus erwachsenden Ansprüchen an das Handeln;
   - den Bedingungen, die für ihre Realisierung gegeben sind;
   - der Moral des betreffenden Entscheidungssubjekts, seinen Wertorientierungen, Idealen usw. sowie von den Zielen, die es verfolgt;
   - den subjektiven Möglichkeiten und Grenzen individuellen Handelns;
   - der Situation, in der die Wahl getroffen und der Entschluß gefällt wird.

Die Vielschichtigkeit dieser Faktoren verweist darauf, daß für die Moral ein allgemeines Entscheidungsmodell nicht konstruiert werden kann. Eine Optimierung moralischer Entscheidungen muß sich in der schöpferischen Aktivität der Subjekte vollziehen.

Die Problematik der Entscheidung ist stets untrennbar mit vielfältigen Fragen der moralischen Verantwortung verknüpft. Dabei bezeichnet Verantwortung einen sozialen Anspruch an das Verhalten von Subjekten gegenüber den von ihnen beeinflußbaren Personen, Prozessen, Sachen, gesellschaftlichen Werten usw., ihre Zuständigkeit für diese. Verantwortung trägt dabei ein Subjekt stets für die Ausführung oder Unterlassung jener Handlungen, die seiner Entscheidung zugänglich, also Ausdruck der tätigen Verwirklichung seiner Freiheit sind. Da die Entscheidung jedem bewußten Handeln vorausgeht, ist Verantwortung stets an Entscheidungssubjekte geknüpft. Der intelligente Computer ist kein solches Entscheidungssubjekt. Er ist nicht in soziale Beziehungen eingebettet, durch diese determiniert und gezwungen, sie zu gestalten, er handelt nicht bewußt, besitzt keine interessengebundene Eigenaktivität, kein moralisches Norm- und Wertgefüge, von dem er sich in seinen Entscheidungen leiten läßt. Insofern trägt jeweils der Mensch die Verantwortung dafür, was technischen Systemen an Entscheidungen übertragen werden kann. Das setzt einerseits Klarheit darüber voraus, was der Computer schneller, exakter und zuverlässiger als der Mensch zu erfassen, zu verarbeiten, zu bewerten und folglich zu entscheiden vermag. Aber als ebenso wichtig für die verantwortungsbewußte Delegierung von Entscheidungen an intelligente Technik erweist sich andererseits auch die nüchterne Feststellung dessen, was sie nicht kann. Darauf hinzuweisen scheint bedeutsam, weil im Streben nach Entlastung des Menschen, der Befreiung der Technik von seinen natürlichen Grenzen, Bestrebungen nicht zu übersehen sind, intelligente technische Systeme mit einer "Verantwortung" "aufzuladen", die sie objektiv in keiner Weise zu realisieren vermögen.
Was Computer zu leisten in der Lage sind, hängt wesentlich von der Qualität der Softwareprodukte ab. Unzulänglichkeiten und Unsicherheiten in diesen Systemen können daher zu katastrophalen Folgen führen. Es obliegt mithin der Verantwortung des Menschen, dies in seiner Entscheidung, was an Technik zuverlässig übertragbar ist, ins Kalkül zu ziehen. So schaltete sich z.B. beim 8. Flug der verunglückten amerikanischen Raumfähre Challenger 6 Minuten nach dem

Start das mittlere der 3 Haupttriebwerke aus, weil 2 Sensoren fälschlicherweise eine Überhitzung registriert hatten. Gleich darauf drohte beim 2. Triebwerk ähnliches. Mit nur einem hätte aber die Umlaufbahn nicht erreicht werden können und auch die Chance, eine Notlandebahn auf Kreta anzusteuern, wäre äußerst gering gewesen, wie Flugleiter Cleon Lacefield erklärte. Menschliches Eingreifen korrigierte den Computerfehler und verhinderte damit eine Katastrophe. Das zeigt: Vielfältige komplizierte technische Prozesse und Unternehmungen, militärische Führungssysteme eingeschlossen, werden heute nur beherrscht, weil der Mensch immer noch genügend Spielraum hat, Fehler des Computers auszuschalten, Unzulänglichkeiten in ihrer Arbeit zu korrigieren. Dies kann bei dem beabsichtigten Einsatz des komplexen Datenverarbeitungssystems, das den irreführenden Namen Strategische Verteidigungsinitiative (SDI) trägt, nicht mehr garantiert werden. Die Programme für dieses computergesteuerte Schlachtenführungssystem bestehen aus mehr als 10 Millionen Zeilen. Sie wurden von einigen tausend Programmierern in mehreren Jahren geschaffen. Ein solches System ist nach Meinung führender Informatiker nicht zuverlässig beherrschbar. Schon bei dem bisher größten militärischen Einzelsystem, das nur ein Zehntel dieses Umfangs hat, sind entscheidende Probleme der Sicherheit und Zuverlässigkeit weder wissenschaftlich noch technisch gelöst. So hat ein Untersuchungsausschuß des USA-Senats festgestellt, daß das amerikanische Frühwarnsystem allein vom 1.1.1979 - 30.6.1980 in 174 Fällen irrtümlicherweise Alarm auslöste. Die Ursachen dafür reichen von defekten Computerchips bis zu menschlichen Fehlern in der Programmwahl. Damit wird deutlich, daß die Gefahr eines thermonuklearen Infernos "aus Versehen" wächst, weil kein System dieses Ausmaßes gebaut werden kann, das alle Sonderfälle, einschließlich menschlicher Bedienungsfehler, zu berücksichtigen in der Lage ist und Zeit für Überlegungen und Fehlerkorrekturen aber nicht mehr gegeben werden kann. Insofern liegt es in der Verantwortung der Menschheit, gegen die Sternenkriegspläne der USA zu kämpfen und sich mit allen Kräften dafür einzusetzen, daß das von Michail Gorbatschow vorgeschlagene weltweite Abrüstungsprogramm Verwirklichung findet /5/.

Computerergebnisse können, wie sich zeigt, falsch, ungenau, fehlerhaft sein und bedingt dadurch mehr oder weniger große Schäden verursachen. Damit taucht, bezogen auf unsere Thematik, eine zweite Frage auf: Wer trägt Verantwortung für die Computerergebnisse,

wen trifft Schuld? Als Schuld wollen wir dabei die Ausführung oder Unterlassung von Handlungen aus Vorsatz, Fahrlässigkeit, Unbekümmertheit usw. verstehen, in deren Folgen direkt oder vermittelt mehr oder weniger große Schäden auftreten. Diese Problematik gewinnt bei der zunehmenden Computerisierung von Arbeitsprozessen zweifellos an Bedeutung. So zeigt die Praxis, daß sich nicht selten Nutzer den Computerergebnissen gegenüber erstaunlich kritiklos verhalten, sie ohne eigene Überlegung hinnehmen (Computergläubigkeit) und sie als Basis ihrer weiteren Arbeit zugrunde legen. Die dadurch auftretenden Fehler, Schäden usw. werden dann als "Computerschuld" qualifiziert und eigene Unschuld beteuert.
Gehen wir davon aus, daß Verantwortung immer die Zuständigkeit eines Subjekts für etwas zum Inhalt hat, also ein Anspruch der Gesellschaft ist, bestimmte Aufgaben zu erfüllen, Pflichten wahrzunehmen, Beziehungen in einer bestimmten Art und Weise zu gestalten, und Schuld vorliegt, wo Möglichkeiten vernachlässigt bzw. unterlassen werden, dann kann dem Computer als Mittel weder Verantwortung zukommen, noch kann ihn Schuld treffen. Diese kommt eindeutig dem handelnden Subjekt zu.
Bedeutet das aber nun, daß der Bediener/Nutzer für alle Fehler des Computers verantwortlich gemacht werden kann, ihn allein die Schuld trifft? Offensichtlich wäre eine einfache Bejahung der Frage eine unexakte Antwort. Die Probleme von Verantwortung und Schuld sind hier vielschichtiger als das auf den ersten Blick erscheinen mag. Sollen sie tiefer ausgelotet werden, ist danach zu fragen, was war vom Nutzer real beeinflußbar, was hing von ihm direkt oder indirekt ab? Ein schuldhaftes Verhalten liegt vor, wenn Fehlentscheidungen, falsche Steuerimpulse und Lösungen ihre Ursachen in falscher bzw. unzuverlässiger Bedienung des Computers, falscher Programmwahl, fehlerhafter Interpretation und kritikloser Datengläubigkeit, Unachtsamkeit u.a.m. haben. Dafür trägt der Nutzer die alleinige Verantwortung und nur im weiteren Sinne kann die Gesellschaft eine gewisse Mitschuld treffen, wenn die entstandenen Fehler auf Versäumnisse in Aus- und Weiterbildung, erforderlichem Training usw. des Nutzers zurückzuführen sind.
Fehlerhafte Computerergebnisse können aber auch in der Software wurzeln. Dann trügen dafür die Experten, die unexaktes und unvollständiges Wissen, fehlerhafte Aussagen über Fern- und Nahwirkungen u.dgl. mehr bereitstellten, oder die Programmierer, die unter Umständen Sachaussagen nicht adäquat in das Programm transformierten,

Verantwortung und Schuld. Hier, insbesondere bei den oft vielfältig verschalteten und kombinierten Informationssstemen den eigentlichen Schuldigen zu finden, ist oft nicht einfach. Dieses Problem verkompliziert sich noch dadurch, daß Daten in der Software "verschwinden", in Anonymität untertauchen, entpersonifiziert werden, raum-zeitliche Zusammenhänge zwischen Speicherungen und Nutzung häufig groß sind, also für den Abrufer die Daten in der Regel nicht mit einer bestimmten Person identifizierbar sind. Die Ursachen für falsche Ergebnisse und Entscheidungen können aber auch in Mängeln, Defekten oder der Unzuverlässigkeit der Hardware liegen. Den Nutzer trifft dann nur insofern Schuld, wenn er diese an den Computerresultaten hätte erkennen können und müssen, diese aber übersah und dergestalt sein fehlerhaftes Verhalten Schaden verursachte.
All das macht auf das Problem des Anwachsens der Rolle der Eigenverantwortung aller Beteiligten für ihren spezifischen Arbeitsgegenstand aufmerksam, zumal fundierte Sachkenntnis oft nur für detaillierte Teilbereiche vorhanden ist. Mit zunehmender Komplexität informationeller Prozesse und Systeme geht auch ein Anwachsen geistiger Arbeitsteilung bei der Bewältigung einer Aufgabe einher; Verantwortung wird komplexer. Sie fasert sich zunehmend in Gesamtverantwortung und Teilverantwortlichkeiten, in Hauptverantwortung und Mitverantwortung auf und wird schwieriger abgrenzbar. Maß und Grad persönlicher Schuld und Mitschuld werden differenzierter und schwerer bestimmbar. In dem Maße, in dem die Einflußfelder der Nutzer moderner Informationstechnik wachsen, verbreitert sich mithin deren Verantwortung. Sie erfaßt auch solche Prozesse, wie die richtige Auswahl der benötigten Informationsmenge, den sorgsamen Umgang mit den verfügbaren Daten, einen ökonomisch effektiven Einsatz der Informationstechnik sowie die eigene Bildung und Weiterbildung, die dafür erst die Voraussetzungen schafft.

Literatur:

/1/ Vgl. Golubjewa, G. A.: Die wissenschaftlich-technische Revolution und die Kultur der Persönlichkeit im entwickelten Sozialismus. In: DZfPh, 12, 1985, S. 1091.
Smoljan, G. L.: Sozialphilosophische Probleme der Computerisierung. In: Sowjetwissenschafte/Gesellschaftswissenschaftliche Beiträge, Heft 3/ 1985, S. 286.

/2/ Vgl. Striebing, L.; Zänker, K.; Zschaler, B.: Neue Computergeneration und die Perspektive des Menschen. In: DZfPh, 1/1986; S. 12 ff.

/3/ Transmitter: Überträgerstoff, Mittlersubstanz für die Reizübertragung an Synapsen (Impulsübertragungsstellen zwischen 2 Nerven bzw. Nervenfasern). Vgl. Tutsch, D.: Taschenlexikon der Medizin, München-Wien-Baltimore, 1981, S. 598.

/4/ Vgl. Hollitscher, W.: Natur und Mensch im Weltbild der Wissenschaft. Die menschliche Psyche. Berlin 1983 S. 41 ff.
Vgl. Wolf; Heß: Seele oder Programm? Biologische Grundlagen tierischen und menschlichen Verhaltens. Jena-Leipzig-Berlin 1983, S. 58 ff.

/5/ Vgl. Erklärung von Gorbatschow, M.: Umfassender Vorschlag der Sowjetunion zur Befreiung der Welt von Atomwaffen. In: "Neues Deutschland" vom 16.1.1986.

Sachverzeichnis

P. L. KAPICA

EXPERIMENT - THEORIE - PRAXIS

BEITRÄGE ZUR
FORSCHUNGSTECHNOLOGIE
SONDERBAND 3

Aufsätze und Reden
Übersetzung aus dem Russischen
Bearbeitet und herausgegeben von Günther Lotz +, Dietrich Schulze, Wolfgang Wächter, Christa Winterstein

1984. XX, 435 Seiten - 37 Abbildungen, davon 13 auf Kunstdrucktafeln - 1 Frontispiz - 14,5 x 21,5 cm - Leinen 54,-- M
Bestell-Nr.: 763 276 9
Bestellwort: Kapica, Experiment 2167/S 3

Problemlösung und Methodenfortschritt stehen ständig in engem Wechselverhältnis. Ermangelt es der geeigneten Methode, um tiefer in die Natur einzudringen, dann muß man sie schaffen. Die Lösung eines Problems fördert wiederum die Weiterentwicklung der Methodik. So hat es P. L. Kapica, Physiker und Ingenieur, stets gehalten, wie die Beiträge dieser Veröffentlichung eindrucksvoll zeigen. Seine Forschungen zur Physik der kondensierten Materie setzen starke Magnetfelder und tiefe Temperaturen voraus, also entwickelte er die Apparaturen dazu und entdeckte damit jene Effekte und Erscheinungen - z.B. das Lineargesetz des Magnetowiderstandes (sogenannte Kapica-Gerade) oder die Suprafluidität des Helium II -, die ihm internationale Anerkennung und den Nobelpreis eintrugen. Für wissenschaftlich-technische Höchstleistungen in der Zukunft sind Auslese, Ausbildung und Förderung, also das einfühlsame Bemühen um den wissenschaftlichen Nachwuchs erforderlich. Diesen Notwendigkeiten geht der Autor ebenfalls nach, und er führt darüber hinaus Leben, Leistungen und Charakter bedeutender Forscherpersönlichkeiten als Leitbilder vor.

AKADEMIE-VERLAG BERLIN

DDR-1086 Berlin, Leipziger Straße 3-4

Bei Fragen zur Produktsicherheit wenden Sie sich bitte an:
If you have any questions regarding product safety,
please contact:

Walter de Gruyter GmbH
Genthiner Straße 13
10785 Berlin
productsafety@degruyterbrill.com